水産学シリーズ

137

日本水産学会監修

養殖魚の健全性に及ぼす
微量栄養素

中川平介・佐藤　実　編

2003・10

恒星社厚生閣

ま え が き

　近年，世界各国で食料資源としての魚類の重要性が認知され，わが国でも沿岸漁業生産（魚介類のみ）における養殖生産の割合は，ここ十数年間に 20 から 30 パーセントへと着実に増加してきた．これを支えてきたのが養魚飼料であるが，これまでは成長や生残率の向上など量的な面が重視され，必須成分，栄養要求に関する研究が主に進められてきたといえる．

　畜産業界では既に生産性向上から，消費者の好みが重視され，優れた形質をもつ品種の発掘や育種管理とともに，飼料による肉質改善の試みがなされ，各地で畜肉製品のブランド化が進んでいる．魚類養殖でも，近年は養殖魚の肉質，食味，活力など質的な面についても関心が寄せられ，栄養成分に加え，微量栄養素に関する研究が盛んになってきたが，研究は緒についた段階といえよう．ヒトに対して多くの機能性食品があるように，養魚飼料添加物も多くが市販されているが，それらの経済性を含めた有効性の確認が必要である．将来は魚類栄養学分野への遺伝子技術（Nutrinogenomics）の導入により，栄養素の効果を遺伝子への影響から評価できれば，さらに説得力が増すであろう．

　今後の養魚飼料研究の指針となるよう，これまでに明らかとなった知見を整理するため，平成 15 年 4 月 5 日，東京水産大学において日本水産学会主催のシンポジウムを以下のとおり開催した．

養殖魚の健全性に及ぼす微量栄養素
企画責任者　中川平介（広大院生物圏）・手島新一（鹿大水）・
　　　　　　竹内俊郎（東水大）・佐藤　実（東北大院農）
　開会の挨拶　　　　　　　　　　　　　　中川平介（広大院生物圏）
Ⅰ．必須栄養素　　　　　　　　　座長　　竹内俊郎（東水大）
　1．ビタミン　　　　　　　　　　　　　越塩俊介（鹿大水）
　2．ミネラル　　　　　　　　　　　　　佐藤秀一（東水大）
　3．脂質　　　　　　　　　　　　　　　石川　学（鹿大水）
Ⅱ．低分子化合物　　　　　　　　座長　　佐藤　実（東北大院農）
　1．カロテノイド　　　　　　　　　　　幹　渉（サントリー（株））

2. ペプチド・アミノ酸 　　　　　　　　　　竹内俊郎（東水大）
Ⅲ. 微生物と植物成分 　　　　　　座長　手島新一（鹿大水）
　1. 植物 　　　　　　　　　　　　　　　佐藤　実（東北大院農）
　2. 藻類 　　　　　　　　　　　　　　　丸山　功（クロレラ工業（株））
　3. 微生物 　　　　　　　　　　　　　　中野俊樹（東北大院農）
Ⅳ. 健全性への応用と今後の展開 　座長　中川平介（広大院生物圏）
　1. 健全性 　　　　　　　　　　　　　　キロン・ヴィスワナス（東水大）
　2. 抗病性 　　　　　　　　　　　　　　細川秀毅（高知大農）
　3. 実用性と経済性 　　　　　　　　　　坂本文男（鹿児島産業貿易（株））
Ⅴ. 総合討論 　　　　　　　　　　座長　中川平介（広大院生物圏）
閉会の挨拶 　　　　　　　　　　　　　　佐藤　実（東北大院農）

　本書は近年使用されている飼料添加物としての微量栄養素について科学的根拠に基づいた有効性とその理論的根拠について各方面の養魚飼料研究者が有している知見をまとめた．内容は総説としてのみならず，養殖にたずさわる方々のマニュアルとしても役立つよう心がけた．

　最後に，出版の機会を与えて頂いた恒星社厚生閣に厚く御礼申し上げる．

　　　平成 15 年 7 月

　　　　　　　　　　　　　　　　　　　　　　　中川平介
　　　　　　　　　　　　　　　　　　　　　　　佐藤　実

養殖魚の健全性に及ぼす微量栄養素　目次

まえがき ………………………………………………(中川平介・佐藤　実)

Ⅰ. 必須栄養素
1. ビタミン ………………………………(越塩俊介) …………9
§1. ビタミン欠乏症および過剰症(10)　§2. ビタミンと免疫増強、疾病・ストレス耐性の向上(11)
§3. ビタミンCと魚類の行動パターン(17)
§4. おわりに(18)

2. ミネラル …………………………………(佐藤秀一) …………22
§1. 各種ミネラルの必要性(22)　§2. 各種飼料原料中のミネラルの利用性(24)　§3. 生体防御能への影響(27)

3. 脂　質 ……………………………………(石川　学) …………31
§1. 脂質の栄養価および必須脂肪酸(31)
§2. 高度不飽和脂肪酸の生理効果と体組織への蓄積(33)
§3. 各種脂質の利用性(35)

Ⅱ. 低分子化合物
4. カロテノイド …………………………(幹　渉) …………42
§1. 体色・肉色改善効果(44)　§2. 脂質過酸化抑制効果(45)　§3. アスタキサンチン(47)

5. ペプチド・アミノ酸 …………………(竹内俊郎) …………54
§1. 種類とその役割(54)　§2. 魚類におけるタウリンの効果(56)　§3. ペプチドの効果(61)

§4. その他 (*63*)

Ⅲ. 微生物と植物成分

6. 植　物 ……………………………………(佐藤　実)…………*69*
§1. 魚類養殖への植物成分の利用例 (*69*)

§2. 緑茶抽出物, 茶殻およびポリフェノール (*70*)

§3. ステビア抽出物 (*71*)　§4. 植物由来微量栄養
素の利用の今後と問題点 (*76*)

7. 藻　類 ………………………………(丸山　功・中川平介)…………*79*
§1. 微細藻類 (*79*)　§2. 大型藻類 (*85*)

8. 微生物 ……………………………………(中野俊樹)…………*95*
§1. ニジマスにおけるファフィアの効果 (*95*)

§2. プロバイオティクス (*99*)　§3. 今後の展望 (*103*)

Ⅳ. 健全性への応用と今後の課題

9. 健全性 ………………………(キロン ヴィスワナス・舞田正志)………*107*
§1. 養殖魚の健全性と栄養学的研究 (*107*)

§2. 養殖魚の健全性とその評価法 (*109*)

§3. 効果的な給餌方法による養殖魚の健全性維持 (*115*)

10. 実用性と経済性……………………………………(坂本文男)………*119*
§1. 食の安全性をめぐる最近の動向 (*119*)

§2. 養殖魚と微量栄養素 (*123*)　§3. 信頼されるシス
テムづくり (*130*)

Micronutrients and health of cultured fish

Edited by Heisuke Nakagawa and Minoru Sato

Preface   Heisuke Nakagawa and Minoru Sato

I. Essential nutrients
1. Vitamins   Shunsuke Koshio
2. Minerals   Shuichi Satoh
3. Lipids   Manabu Ishikawa

II. Low molecular compounds
4. Carotenoids   Wataru Miki
5. Amino acids, peptides   Toshio Takeuchi

III. Bacterial and herb compounds
6. Plants   Minoru Sato
7. Algae   Isao Maruyama and Heisuke Nakagawa
8. Microorganisms   Toshiki Nakano

IV. Applications in fish health: future strategies
9. Fish health   Viswanath Kiron and Masashi Maita
10. Economics and food safety   Fumio Sakamoto

I. 必須栄養素

1. ビタミン

越 塩 俊 介 *

　魚類におけるビタミン要求量は，欠乏症を防止し，成長を促進し，更には，正常な健康状態を維持するために必要なビタミン最少量あるいは最適量に関する報告に基づいて検討した結果として得られなければならない．

　しかし，多くのビタミン要求量の報告にはバラツキがあるため，混乱を避けるという観点からも，信頼性の高い判定法を用いて要求量は決定されなければならない．例えば，ビタミン蓄積量や酵素反応から得られた要求量は，最適成長あるいは欠乏症防除のための必要量よりも高いことが多い[1]．また，飼料中に混合されるビタミンミックスにおいては，要求量を十分満たすと思われる量が使用されているが，原料からのビタミン量が考慮されることが少ない．実際の養殖現場では，ビタミンミックスが含まれている飼料を投与しているにもかかわらず，時折，ビタミン欠乏症が観察されることもある．一方，最近になって，ビタミン類大量投与による免疫反応あるいはストレス・疾病に対する抵抗性改善の報告もなされるようになってきた[2]．動物一般については，免疫機能を維持することにおけるビタミン類の役割に関する研究はかなり進展してきた．一方，魚類に関する知見は現在も限られているものの，最近，特に，ビタミン C やビタミン E 摂取による免疫反応，ストレス反応，疾病への効果に関する研究が多く発表されるようになった[2,3]．また，ビタミン C が種苗性改善に重要な役割を果たしている可能性についても最近示唆されている[3]．ここでは，魚類の質的向上あるいは健全性に関わるビタミンの役割や要求量に焦点を絞り，最近の知見を中心に総説する．

---

* 鹿児島大学水産学部

§1. ビタミン欠乏症および過剰症

1・1 水溶性ビタミン類

水溶性ビタミン類はその性質上，飼料作成中あるいは水中への投与後の損失を考慮して，最少要求量よりも高い量が飼料中に含有されている場合が多い．また，これらのビタミン類は魚体内に蓄積されないため，欠乏症を防ぐためには，コンスタントに摂取されなければならない．一方，水溶性ビタミン過剰症についてはほとんど報告がない．欠乏症が発症しやすいビタミン類に，ビタミ

表1・1　各種魚類における成長阻害及び大量艶死以外の主なビタミン欠乏症

ビタミン類	欠乏症の主な症状
水溶性ビタミン	
B₁（チアミン）	神経系異常（Ay,Ca,Cf,Ee,Sa,Tu），鰭うっ血（Ay,Ea,Sb,Ye），皮下出血（Ca,Ee,Sb），皮膚色素欠如（Ca），体色暗化（Cf,Ee,Ye）
B₂（リボフラビン）	運動失調（Ee,Sa），光線忌避（Ca,Ee,Sa），鰭出血（Ca,Ee,Sa），水晶体混濁（Sa,Ye），肝臓出血・腎臓壊死（Ca），体色暗化（Sa,Ye），皮膚炎症（Ee）
B₆（ピリドキシン）	遊泳異常・痙攣・異常過敏性（Ca,Cf,Ee,Sa,Ye），青緑色化（Cf,Sa）
B₁₂（シアノコバラミン）	貧血（Sa），低ヘマトクリット値（Cf），鰭うっ血・貧血（Ye），食欲不振（Ee,Sa）
C	脊椎骨奇形（Cf,Sa,Sb,Ye），内外部出血（Cf,Ee,Sa,Sb,Ye），体色暗化（Tu,Ye），下顎部損傷（Ay,Ee）
ナイアシン	胃腸浮腫・光反応異常（Sa），貧血（Cf,Sa），皮膚・鰭の損傷・出血（Ca,Cf,Sa,Ye）
パントテン酸	鰓疾患（Cf,Sa,Ye），貧血・出血（Ca,Ee）
葉酸	血球異常・貧血（Sa,Cf），体色暗化（Ee,Sa），鰭うっ血（Ay,Ye）
ビオチン	痙攣・筋萎縮（Sa），皮膚色素欠如（Cf），体色暗化（Ee），運動失調（Ca,Ye）
コリン	脂肪肝（Ca,Sa），腎臓・消化管出血（Cf,Sa），体色暗化（Ye），腸管灰白色化（Ee），眼球突出（Sa），肝細胞の空胞化（Ca）
イノシトール	体色暗化（Sa,Ye），鰭損傷・貧血（Sa），腸管灰白色化（Ee）
脂溶性ビタミン	
A（レチノール）	網膜変性（Sa），皮膚色素欠如（Ca,Cf,Sa），出血（Ca,Cf,Ye），体色暗化（Ye）
D（カルシフェロール）	カルシウム代謝異常・痙攣（Sa），骨格カルシウム化異常（Cf）
E（トコフェロール）	骨格筋変性・筋萎縮（Ca,Cf,Sa），皮膚色素欠如（Cf,Sa），背こけ病・眼球突出（Ca），体色暗化（Ye），溶血（Cf,Sa）
K（メナジオン）	血液凝固遅延・貧血・鰓眼出血（Sa），皮膚出血（Cf）

Ay：アユ，Ca：コイ，Cf：キャットフィッシュ，Ee：ウナギ，Sa：サケマス類，Sb：タイ類，Tu：カレイ類，Ye:ブリ類

ンC（アスコルビン酸），パントテン酸，ビタミンB_6（ピリドキシン），ナイアシン，ビタミンB_1（チアミン）などがある．

　一般的に，ビタミン欠乏症の前兆として，食欲不振が見られるが，食欲不振と欠乏症発症との間には時間的ズレが生じる．発育状況の差から，稚魚期には欠乏症が短期で現れ易い．また，欠乏症の診断として，有効な症状と無効な症状とがあるが[2]，有効な症状としては，チアミンでは神経系に関連する異常過敏症状，リボフラビンでは水晶体白濁，ピリドキシンでは痙攣，麻痺，パントテン酸では鰓異常，アスコルビン酸では骨曲がり，出血などがある．一方，判断基準になりにくい症状として，ナイアシンに対する皮膚の損傷，ビオチンに対する筋肉萎縮，葉酸に対する貧血，ビタミンB_{12}に対する貧血，イノシトールに対するリン脂質含量の減少，コリンに対する肝臓脂質含量の増加等がある（表1・1）．

1・2　脂溶性ビタミン類

　欠乏症の診断として有効な症状として，ビタミンA欠乏では，視覚不全，ビタミンDでは，骨のカルシウム化不全，ビタミンEでは，貧血，腹水，膜破損，ビタミンKでは，貧血，凝血異常がある（表1・1）．

　一方，脂溶性ビタミン類は，飼料脂質とともに摂取・吸収されるので，脂質の吸収率が高いほど脂溶性ビタミンの吸収率も良好となる．また，これらビタミンは，組織や器官に蓄積しやすい性質から，欠乏症とともに，ビタミン過剰症にも，注意が必要である．例えば，ビタミンAを多量に含むアルテミアを摂取したヒラメ仔魚の脊椎骨には奇形が起こることが報告されている[4~6]．

§2．ビタミンと免疫増強，疾病・ストレス耐性の向上

　ある量のビタミン類を魚類に摂取させることによって，免疫増強作用，疾病に対する抵抗性あるいはストレス耐性を向上させることができるという報告が蓄積されつつある[2,3]．ビタミン類を摂取すると，免疫活性関連物質が供給され，免疫システムが増強し，また，その免疫システムを正しく機能させるために必要なコファクターも供給される．一般的に，魚類の健康を増進させるビタミン量は，通常の最少要求量の数倍量と考えられている．しかしながら，魚類におけるビタミンの効果については，まだ知見が完全ではなく，更なる研究が

望まれているが，近年，免疫・疾病・ストレスに対するビタミン C の添加効果に関する報告が多く発表されるようになった．

2・1　ビタミン C

1）海産魚類

飼料中ビタミン C 含量が 500 mg / kg と 3,000 mg / kg との比較がヘダイを使って行われた[7]．調べられた免疫指標はビタミン C 大量投与によって改善されるものの，効果の時期が異なっており，貪食活性は 2 週間後，補体活性は 6 週間後にピークを示した．ストレス耐性については，低酸素ストレスを受けたヘダイは，ビタミン C を摂取することで，コルチゾール値が低下するという報告がある[8]．大西洋サケを用いた免疫作用とバクテリアに対する攻撃試験では，ビタミン C の添加効果が認められなかったと報告されているが[9]，これは，摂取量，低水温等，環境条件が整っていなかった可能性が考えられる．大西洋サケについては，研究報告が多い分，結果が異なっている例が多い[10~14]．カレイ類では，ビタミン C が 800 ～ 1,200 mg / kg 含まれた飼料を摂餌すると白血球の食作用やリゾチーム活性が増進する[15]．一方，ストレス耐性に及ぼすビタミン C の効果としては，イシダイにおいて，ビタミン C 含量が 3,000 mg/ kg の飼料を摂取した場合，低酸素ストレスに対して抵抗性が向上した[16]．ブリ稚魚については，筆者らの研究室でストレス耐性について検討している．ビタミン C 含量が，0，10，50，90，390，820 mg / kg となるような飼料を 60 日間給餌し，空気中露出耐性および低塩分耐性について検討した（未発表）．両ストレス試験においても，390 mg / kg 飼料区において最も耐性が高かった．さらに，無添加および 10 mg / kg 飼料区では給餌試験開始後，20 から 30 日で斃死率が 50 ％以上となった．

2）淡水魚類

ビタミン C を 1,000 mg / kg 含む飼料で，コイの一種，*Cirrhinus mrigala*，を孵化直後から 4ヶ月間飼育後，*Aeromonas* による攻撃試験を行った結果[17]，その斃死率は，明らかにビタミン C 摂取により抑制され，細胞の炎症も少なかったと報告されている．チョウザメにおいては，非特異的防御メカニズムを調べた研究において，ビタミン C を 1,000 mg / kg 含む飼料を摂取すると，血清リゾチーム量が増加し，ビタミン C 無添加区に比較して，赤血球ボリュームや

ヘモグロビン濃度が高くなったとの報告がある[18]．更に，500 mg / kg のビタミン C を含む飼料を摂取したインドゴイ，*Labeo rohita* では，貪食比率や血清リゾチーム活性が増進し，*Aeromonas hydrophila* 感染に対する抵抗性も改善されている[19]．

筆者らの研究室においても，アユのストレス耐性あるいは抗病性に対するビタミン C の効果を検討した[20, 21]．アユ稚魚をビタミン C 含量の異なる飼料（0，18，150，541 mg / kg）で 30 日飼育後，血漿コルチゾール値を調べた結果，ビタミン C 無添加区で最も高く，150 mg / kg 飼料区で最も低い値が得られた．さらに，同じ飼料で 130 日目まで飼育した後，*Vibrio anguillarum* による攻撃試験を課し，その後のアユの斃死率を調べた．100 時間後の累積斃死率は，ビタミン C 無添加区で 70％以上を示したのに対し，150 および 541 mg / kg 飼料区では 10％，18 mg / kg 飼料区では 30％となり，ビタミン C 摂取により *Vibrio* に対する抵抗性も向上した．

チャネルキャットフィッシュについては，異なった研究結果が報告されている．ビタミン C の大量投与（1,000 ～ 3,000 mg / kg）によって *Edwardsiella* に対する抵抗性が向上した[22]一方，免疫活性や感染には大量投与の効果があまり現れなかったという報告もある[23~25]．

2・2　ビタミン E

ヘダイにおいては，α-トコフェロール・アセテートを 0，600，1,200，1,800 mg / kg 含む飼料を 30 日から 45 日給餌させると，1,200 mg / kg 飼料区において，血清活性と腎白血球貪食活性が増進されたとの報告がある[26]．大西洋サケにおいては，疾病・免疫反応と α-トコフェロール・アセテート含有（40 ～ 1,100 mg / kg）飼料およびワクチン摂取との関連が調べられている[27]．ワクチン注射によって，血清補体活性が増進され，抗原抗体細胞数が増加したが，ビタミン E 摂取量の違いは影響を及ぼさず，疾病に対する抵抗力についても変化が見られなかった．

さらに，あまり効果が見られなかった例が報告されている[28~30]．一方，酸化とビタミン E との関係が，ヘダイおよびカレイ類において報告されている[31]．体内の脂質酸化が進むと感染や疾病の原因になることはよく知られている．カタラーゼ，スーパーオキシド・ディスムターゼ，グルタチオン・ペロオキシダ

ーゼ等の肝臓における主なラジカルスカベンジ酵素活性は，飼料中あるいは組織・器官中ビタミンE含量と相関した．また，酸化度合いを表す指標は，すべての試験魚で一定の傾向を示し，高ビタミンE摂取によって低い値を示した．また，ハイブリッドティラピアでも，ビタミンEが抗酸化剤として働き，組織中の脂質酸化を抑制すると報告されている[32]．

2・3　ビタミンCとビタミンEの組み合わせ効果

免疫増強，疾病・ストレス耐性に関するビタミンCとEとの組み合わせ効果に関する研究も報告されている．ニジマスに関しては，Cレベルが0，30，2,000 mg / kg，Eレベルが0，30，800 mg / kgになるような飼料を投与した際，双方のレベルが最も高い飼料を摂取したニジマスにおいて，化学発光量によるマクロファージの呼吸バースト活性が最も高くなり，免疫力が向上したことが示唆されている[33]．さらに，筆者らは，ウィルス感染に対する抵抗性も，両ビタミン量が最大において最も高く，少なくても片方のビタミン量が最も高い飼料を摂取したときに抵抗性が改善したと報告している．この両ビタミンの影響をストレスと免疫反応で調べた例が，ヘダイで報告されている[34]．高密度飼育をストレッサーとして飼育実験を行った結果，高密度飼育は，血漿コルチゾール値および血清リゾチーム活性を高めたが，ビタミンCとEの投与でこれらは減少した．また，高密度飼育は血清補体活性を減少させる傾向があったが，ビタミンE摂取によって，活性レベルが低密度飼育で得られた値まで回復した．さらに，ヘダイでは，ビタミンCを300 mg / kg，ビタミンEを1,200 mg / kgそれぞれ含む飼料および両方のレベルを含む飼料投与の影響を免疫反応について市販飼料投与群と比較した結果[35]，ビタミンC投与群は，呼吸バースト活性が高く，ビタミンE投与群では，補体活性と貪食能が高かった．両方のビタミン投与群では，測定したすべての免疫反応指標が市販飼料投与群よりも優れていた．この筆者らは，両ビタミンが，免疫反応に対して共同的あるいは相加的に働いている可能性を示唆している．さらに，本研究では，環境ストレスに対するビタミンC，E投与の効果も調べられており，ストレスによる血液グルコース濃度の上昇率が両ビタミン摂取で抑制され，補体活性は，ストレスには影響されなかったが，ビタミン補足飼料を摂取すると上昇したとしている．一方で，あまり効果がなかった例では，ホワイトバスとストライプバス

とのハイブリッド種についての研究報告がある [36]．要求量の 100 倍のビタミン C と 10 倍のビタミン E を含む飼料を投与した場合，*Streptococcus* 感染後の生残率は改善されず，抗体産生能が低下し，過剰の影響が示唆されている．さらに，同じ筆者らはビタミン C が 0，25，2,500 mg / kg，ビタミン E が 0，30，300 mg / kg の計 9 試験区を設定し，C と E との交互作用についての検討も行っている [37]．その結果，成長や生残率に関しては，片方のビタミンが無添加であっても，他方のビタミン量が十分あれば阻害されず，交互作用に統計的

表 1・2　免疫反応，疾病，ストレスに対する飼料中ビタミン C の効果

飼料中含量 (mg / kg 飼料)	反応と効果	文献
大西洋サケ		
50〜2,000	免疫反応変化なし	10)
5,000	抗体産生能変化なし	11)
2,980	抗体産生能増進	12)
4,770	Yersinia，Vibrio に対する抵抗性変化なし	
2,750	補体活性上昇，貪食能・抗体産生能変化なし	13)
4,000	リゾチーム産生増加， Aeromonas に対する抵抗性向上	14)
カレイ（*Scopthalmus maximus*）		
800〜1,200	貪食能・リゾチーム活性増進	15)
イシダイ		
3,000	低酸素耐性向上	16)
ヘダイ		
500. 3,000	貪食能・補体活性増進	7)
25〜200	低酸素下でのコルチゾール値の低下	8)
ブリ		
390	塩分・空気中露出耐性向上	Koshio（未発表）
コイ類		
500〜1,000	貪食能・リゾチーム活性， Aeromonas 耐性増進	17) 19)
チョウザメ		
1,000	リゾチーム活性増進，ヘモグロビン濃度上昇	18)
アユ		
150	血漿コルチゾール値最小値	
150〜540	ビブリオに対する抵抗性向上	20, 21)
チャネルキャットフィッシュ		
1,000〜3,000	Edwardsiella 耐性増進	22)
0〜2,000	Edwardsiella 耐性変化なし	23)
0〜250	免疫反応，ストレス耐性変化なし	24)
100. 1,000	免疫反応近似	25)

有意差が検出されたと報告している．しかし，リゾチーム活性，貪食作用，血漿タンパク量，イムノグロブリン量はビタミンレベルに影響を受けなかった．

表1・2〜1・4に，免疫反応，疾病・ストレス耐性の向上に関するビタミンCおよびE摂取による反応と効果についての一覧を示す．

表1・3　免疫反応，疾病，ストレスに対する飼料中ビタミンEの効果

	飼料中含量 （mg / kg 飼料）	反応と効果	文献
マスノスケ			
	300	Renibaterium に対する抵抗性変化無し	28)
大西洋サケ			
	要求量以上	Aeromonas 耐性効果なし	29)
	800	リゾチーム・抗体産生能変化なし	30)
ヘダイ			
	1,200	血清活性・貪食活性増進	26)

表1・4　免疫反応，疾病，ストレスに対する飼料中ビタミンCとEの組み合わせ効果

	飼料中含量（mg / kg 飼料）		反応と効果	文献
	ビタミンC	ビタミンE		
ニジマス				
	2,000	800	呼吸バースト活性増進， 感染に対する抵抗性改善	33)
ヘダイ				
	300	1,200	呼吸バースト（C），補体・貪食活性増進（E） 血液グルコース濃度抑制	35)
ハイブリッドバス				
	2,500	300	感染抵抗性・免疫活性変化なし	37)

2・4　その他のビタミン

　ピリドキシンは，アミノ酸や核酸生合成に関与していると考えられ，高タンパク飼料中のピリドキシン含量を増加すると，マスノスケ稚魚の *Vibrio anguillarum* に対する抵抗性が向上したという報告がある[38]．また，ピリドキシン含量の低い飼料を大西洋サケに給餌すると斃死率が高くなったが，含量を5 mg / kg まで増加させても，免疫反応や疾病に対する抵抗性にはあまり差がなかったと報告されている[39]．ビタミンAにおいては，飼料中 15 mg / kg 量と 2 mg / kg 量とを 20 g サイズの大西洋サケについて比較すると液性抗プロテアーゼと殺菌活性を増加させるとの報告もある[40]．ヘダイにおいて，ビタミン

A を 150 mg / kg あるいは 300 mg / kg 含む配合飼料を給餌した場合，呼吸バースト活性や白血球ミエロペルオキシダーゼ活性が増進し，非特異的免疫活性を改善すると報告されている[41].

§3. ビタミンCと魚類の行動パターン

ビタミンCの摂取量が不足すると，魚類は本来備えている正常な行動を起こすことが出来ない．これは脳へのビタミンC蓄積が不足したためではないかと推察され，特に，群行動に異常をきたし，種苗放流後の生残率低下の原因となることが示唆されている[3, 20, 42].

3・1　アユ

飼料1kg中にビタミンCを0，39，327，1,176mgそれぞれ含むように調整した4種類の試験飼料を作製し，10gサイズのアユを36日間飼育した[3, 20]．とびはね行動，遊泳能力試験，乾出試験，成群行動の観察を行い，さらに，いくつかの行動関連の観察はビデオおよび画像処理をコンピューター解析して数値化した．飼育期間中の斃死は少なく，ビタミンC欠乏症は観察されなかった．肝臓と脳におけるビタミンC蓄積量は，ビタミンCの摂取量が多い程蓄積が高くなることが判明した．とびはね率，干出耐性（空気中への露出時間に対する抵抗性）および遊泳能力とビタミンC摂取量の間には明瞭な関係はなかったが，成群行動においてはビタミンC無添加区と添加区との間で有意差が認められ，添加区では群がりが多く出現し，活動度も高い値を示した．一方，天然においては，実験に使用したサイズに達したアユは「なわばり」を形成し，侵入者を排除する行動を示す．この実験においては，ビタミンC無摂取アユは摂取アユに比べて攻撃性を示す頻度が低かった．すなわち，ビタミンCを摂取することによって天然アユのような本来備えている攻撃性を示すことが判明した．実際に，広島県の河川で採集された付着藻類中のビタミンC量は，ドライ換算で約17mg/kg含まれていた（越塩ら，未発表）．

3・2　ブリ稚魚

種苗放流サイズのブリに，飼料中ビタミンC含量を0.7，157，480，882mg/kgとなるように調製したドライペレットを20日間給餌し，飼育試験終了後，行動観察を行った[42]．群形成頻度は，480mg区および882mg区で高

い値を示した．肝臓中のビタミン C 含量はビタミンC摂取量が高くなるにつれて多くなるのに対し，脳中のビタミン C 量は 480 mg 区までは上昇し，その後一定となった．すなわち，脳中ビタミン C 量がピークに達した 480 mg / kg 飼料区におけるグループが，天然に近い群行動を発現したと考えられる．

3・3 マダイ稚魚

飼料中ビタミン C 含量が 0，10，40，210，430 mg / kg となるように調整したペレットを種苗放流サイズのマダイ稚魚に 20 日間給餌した後の横臥行動を調べた[3]．活動度の指標となる遊泳能力は，210，430 mg 区のグループで高かった．横臥行動は，ビタミン C の摂取量が多いほどこの行動を起こす個体が多くなる傾向が見られた．横臥行動時間はビタミン C 摂取量にはあまり影響されなかったものの，摂取したある種の油量（たぶん DHA と思われる）によって変動した．

§4．おわりに

魚類の健全性に対するビタミン類の効果に関する研究結果は必ずしも一定ではない．これは飼料組成，摂餌量，成長率，魚種，遺伝的変異，飼育条件等の相違も影響していると推定される．したがって，抗体，感染起源・程度，免疫指標等に関する情報を蓄積し，成分・作用の確認，投与量・方法・時期・期間の確立，飼育環境の確認，対象魚の健康状態の把握等を確立することによって，一般化を目指した適正モデルの確立が可能となろう．しかしながら，飼料コントロール，例えば，微量栄養成分の適正な摂取により魚類・甲殻類における健全性維持は可能であり，ビタミンのような微量栄養成分の効果や役割についての更なる解明が望まれる．また，群形成や横臥行動等，魚の行動を正常にコントロールするためにビタミン C が何らかの形で脳に作用していることが示唆され，おそらく神経伝達物質に関連していると思われる．飼料中のビタミン C が不足すると，脳中にビタミン C が十分いきわたらず，行動を支配する中枢に何らかの不都合を引き起こすものと考えられる．種苗生産の面からは，稚魚期におけるビタミン C 摂取量によって群行動，攻撃行動あるいは干出耐性などが向上することが判明したことから，放流前のビタミン C 摂取は放流後の生残率あるいは天然環境への適応度を向上する上で大変重要で，種苗の品質を改善する

一つの有力な手段と考えられる.

文　献

1) NRC (National Research Council) :
Nutrient requirements of fish. National
Academy Press, Washington, DC, USA,
1993, pp. 114.

2) C. Lim and C. Webster : Nutrition and
Fish Health. CABI Press, 2001, pp. 365.

3) K. Dabrowski : Ascorbic Acid in Aquatic
Animals, CRC Press, Boca Raton, USA,
2001, pp. 288.

4) T. Takeuchi, J. Dedi, Y. Haga, T. Seikai,
and T. Watanabe : Effect of vitamin A
compounds on bone deformity in larval
Japanese flounder (*Paralichthys olivaceus*).
Aquaculture, 169, 155-165 (1998).

5) J. Dedi, T. Takeuchi, T. Seikai, and T.
Watanabe : Hypervitaminosis and safe
levels of vitamin A for larval flounder
(*Paralichthys olivaceus*) fed *Artemia*
nauplii. *Aquaculture*, 133, 135-146
(1995).

6) J. Dedi, T. Takeuchi, T. Seikai, T.
Watanabe, and K. Hosoya : Hyper-
vitaminosis A during vertebral morpho-
genesis in larva Japanese flounder. *Fish.
Sci.*, 63, 466-473 (1997).

7) J. Ortuno, M.A. Esteban, and J.
Meseguer : Effect of high dietary intake
of vitamin C on non-specific immune
response of gilthead seabream (*Sparus
aurata* L.). *Fish & Shell. Immunol.*, 9,
429-443 (1999).

8) M.M.F. Henrique, E.F. Gomes, M.F.
Gouillou-Coustans, A. Oliva-Teles, and
S.J. Davies : Influence of supple-
mentation of practical diets with vitamin
C on growth and response to hypoxic
stress of seabream, *Sparus aurata*.

Aquaculture, 161, 415-426 (1998).

9) B. Lygren, H. Sveier, B. Hjeltnes, and R.
Waagbo : Examination of the immuno-
modulatory properties and the effect on
disease resistance of dietary bovine
lactoferrin and vitamin C fed to Atlantic
salmon (*Salmo salar*) for a short-term
period. *Fish & Shell. Immunol.*, 9, 95-107
(1999) .

10) S.P. Lall, G. Olivier, D.E.M. Weerakoon,
and J.A. Hines : The effect of vitamin C
deficiency and excess on immune
response in Atlantic salmon (*Salmo
salar* L.). Proc. 3rd Int. Symp. Feed. Nutri.
Fish., Japan, pp. 427-441 (1989).

11) K. Sandnes, T. Hansen, J.E.A. Killie, and
R. Waagbo : Ascorbate 2-sulfate as a
dietary vitamin C source for Atlantic
salmon (*Salmo salar*). I. Growth, bio-
activity, haematology and humoral
immune response. *Fish Physiol. Bio-
chem.*, 8, 419-427 (1990).

12) J.I. Erdal, O. Evensen, O.K. Kaurstad, A.
Lillehaug, R. Solbakken, and K.
Thorud : Relationship between diet and
immune response in Atlantic salmon
(*Salmo salar* L.) after feeding various
levels of ascorbic acid and omega-3 fatty
acids. *Aquaculture*, 98, 363-379 (1991).

13) L.J. Hardie, T.C. Fletcher, and C.J.
Secombes : The effect of dietary vitamin
C on the immune response of the Atlantic
salmon (*Salmo salar* L.). *Aquaculture*,
95, 201-214 (1991) .

14) R. Waagbo, J. Glette, E. Raa-Nilsen, and
K.Sandnes : Dietary vitamin C, immunity,
and disease resistance in Atlantic salmon

(*Salmo salar*). *Fish Physiol. Biochem.*, 12, 61-73 (1993).

15) M.L. Roberts, S.J. Davies, and A.C. Pulsford : The influence of ascorbic acid (vitamin C) on nonspecific immunity in the turbot (*Scophthalmus maximus* L.), *Fish Shell. Immunol.*, 5, 27-38 (1995).

16) Y. Ishibashi, K. Kato, S. Ikeda, O. Murata, T. Nasu, and H. Kumai : Effect of dietary ascorbic acid on the tolerance for low oxygen stress in fish. *Nippon Suisan Gakkaishi*, 58, 2147-2152 (1992).

17) K.S. Sobhana, C.V. Mohan, and K.M. Shankar : Effect of dietary vitamin C on the disease susceptibility and inflammatory response of mrigal, *Cirrhinus mrigala* (Hamilton) to experimental infection of *Aeromonas hydrophila*. *Aquaculture*, 207, 225-238 (2002).

18) G. Jeney and Z. Jeney : Application of immunostimulants for modulation of the non-specific defense mechanisms in sturgeon hybrid : *Acipenser ruthenus* x *A. baerii*. *J. Appl. Ichthyol.*, 18, 416-419 (2002).

19) P.K. Sahoo and S.C. Mukherjee : Immunomodulation by dietary vitamin C in healthy and aflatoxin B-1-induced immunocompromised rohy(*Labeo rohita*). *Comp. Immunol. Microbio. Infec. Dis.*, 26, 65-76 (2003).

20) S. Koshio, Y. Sakakura, Y. Iida, K. Tsukamoto, T. Kida, and K. Dabrowski : The effect of vitamin C intake on schooling behavior of amphidromous fish, ayu (*Plecoglossus altivelis*). *Fish. Sci.*, 63, 619-625 (1997).

21) S. Koshio : Critical review of the effects of ascorbic acid on fish behavior. In Ascorbic Acid in Aquatic Organisms (K. Dabrowski, ed), pp. 241-253 (2001).

22) P.R. Liu, J.A. Plumb, M. Guerin, and R.T. Lovell : Effects of megadose levels of dietary vitamin C on the immune response of channel catfish, *Ictalurus punctatus* in ponds. *Dis Aquat. Org.*, 7, 191-194 (1989).

23) M.H. Li, M.R. Johnson, and E.H. Robinson : Elevated dietary vitamin C concentrations did not improve resistance of channel catfish, *Ictalurus punctatus*, against *Edwardsiella ictaluri* infection. *Aquaculture*, 117, 303-312 (1993).

24) M.H. Li, D.J. Wise, and E.H. Robinson : Effect of dietary vitamin C on weight gain, tissue ascorbate concentration, stress response, and disease resistance of channel catfish *Ictalurus punctatus*. *J. World Aquacul. Soc.*, 29, 1-8 (1998).

25) M.R. Johnson and A.J. Ainsworth : An elevated dietary level of ascorbic acid fails to influence the response of anterior kidney neutrophils to *Edwardsiella ictaluri* in channel catfish. *J. Aquatic Anim. Health*, 3, 266-273 (1991).

26) J. Ortuno, M.A. Esteban, and J. Meseguer : High dietary intake of alpha-tocopherol acetate enhances the non-specific immune response of gilthead seabream (*Sparus aurata* L.) . *Fish. Shell. Immunol.*, 10, 293-307 (2000).

27) B. Lygren, B. Hjeltnes, and R. Waagbo : Immune response and disease resistance in Atlantic salmon (*Salmo salar* L.) fed three levels of dietary vitamin E and the effect of vaccination on the liver status of antioxidant vitamins. *Aquacul. Interna.*, 9, 401-411 (2001).

28) R. Thorarinsson, M.L. Landolt, D.G. Elliot, R.J. Pascho, and R.W. Hardy : Effect of dietary vitamin E and selenium on growth, survival and the prevalence of *Renibacterium salmoninarum* infection in Chinook salmon (*Oncorhynchus tshawytscha*).

Aquaculture, 121, 343-358 (1994).

29) S.P. Lall : Disease control through nutrition. Proc. Aquacul. Internat. Cong. Exp., pp. 607-610 (1988).

30) L.J. Hardie, T.C. Fletecher, and C.J. Secombes : The effect of vitamin E on the immune response of the Atlantic salmon (*Salmo salar* L.). *Aquaculture*, 87, 1-13 (1990).

31) D.R. Tocher, G. Mourente, A. Van Der Eecken, J.O. Evjemo, E. Diaz, J.G. Bell, I. Geurden, P. Lavens, and Y. Olsen : Effects of dietary vitamin E on antioxidant defence mechanisms of juvenile turbot (*Scophthalmus maximus* L.), halibut (*Hippoglossus hippoglossus* L.) and sea bream (*Sparus aurata* L.). *Aquacul. Nutr.*, 8, 195-207 (2002).

32) C.H. Huang, R.J. Chang, S.L. Huang, and W.L. Chen : Dietary vitamin E supplementation affects tissue lipid peroxidation of hybrid tilapia, *Oreochromis niloticus* x *O. aureus*. *Com. Biochem. Physiol*. B, 134, 265-270 (2003).

33) T. Wahli, V. Verlhac, J. Gabaudan, W. Schuep, and W. Meier : Influence of combine vitamins C and E on non-specific immunity and disease resistance of rainbow trout, *Oncorhynchus mykiss* (Walbaum). *J. Fish Dis.*, 21, 127-137(1998).

34) D. Montero, M. Marrero, M.S. Izquierdo, L. Robaina, J.M. Vergara, and L. Tort : Effect of vitamin E and C dietary supplementation on some immune parameters of gilthead seabream (*Sparus aurata*) juveniles subjected to crowding stress. *Aquaculture*, 171, 269-278 (1999).

35) J. Ortuno, M.A. Esteban, and J. Meseguer : The effect of dietary intake of vitamins C and E on the stress response of gilthead seabream (*Sparus aurata* L.). *Fish Shell. Immunol.*, 14, 145-156

(2001).

36) W.M. Sealey and D.M. Gatlin III : Dietary supplementation of vitamin C and /or vitamin E before or after experimental infection with *Streptococcus iniae* has limited effects on survival of hybrid striped bass. *J. Aquat. Anim. Health*, 14, 165-175 (2002).

37) W.M. Sealey and D.M. Gatlin III : Dietary vitamin C and vitamin E interact to influence growth and tissue composition of juvenile hybrid striped bass (*Morone chrysops* female x *M. saxatilis* male) but have limited effects on immune responses. *J. Nutr.*, 132, 748-755 (2002).

38) R.W. Hardy, J.E. Halver, and E.L. Brannon : Finfish Nutrition and Fish Feed technology. (J.E. Halver and K. Tiews eds.), Heenemann, Berlin, 1979, pp. 253-260.

39) S.P. Lall and G. Olivier : Role of micronutrients in immune response and disease resistance of fish. *Fish Nutrition in Practice*, 61, 101-118 (1993).

40) I. Thompson, T.C. Fletcher, D. F. Houlihan, C.J. Secombes : The effect of dietary vitamin A on the immunocompetence of Atlantic salmon (*Salmo salar* L.). *Fish Physiol. Biochem.*, 12, 513-523 (1994).

41) A. Cuesta, J. Ortuno, M. Rodriguez, M.A. Esteban, J. Meseguer : Changes in some innate defense parameters of seabream (*Sparus aurate* L.) induced by retinol acetate. *Fish & Shell. Immunol.*, 13, 279-291 (2002).

42) Y. Sakakura, S. Koshio, Y. Iida, K. Tsukamoto, T. Kida, and J.H. Blom : Dietary vitamin C improves the quality of yellowtail (*Seriola quinqueradiata*) seedlings.*Aquaculture*,161,427-436 (1998).

2. ミネラル

佐 藤 秀 一*

　魚類に必要（飼料に添加されなければならない）とされているミネラル類は魚種によって異なるが，カルシウム（Ca），リン（P），マグネシウム（Mg），カリウム（K），イオウ（S）の主要元素，および鉄（Fe），亜鉛（Zn），マンガン（Mn），銅（Cu），コバルト（Co），セレン（Se），ヨウ素（I），アルミニウム（Al）およびフッ素（F）の微量元素の計 14 種類である．多くのミネラルは魚類が生息する環境水中に含まれているが，Ca 以外は環境水からの取り込みだけでは要求量を満足することはできず，餌・飼料から摂取しなければならない．

§1. 各種ミネラルの必要性

　これらミネラルは動物体内で次のような役割を果たす．① 骨格を形成し，生体細胞の構成要素である．② タンパク質と結合して細胞や体液に分布し，生理機能を果たし，浸透圧調整を行う．③ 生体内で酵素の作用を助ける．④ 神経の興奮調節，血液凝固作用などの機能に関与する．⑤ 体液および血液の酸・アルカリの調節を行う．魚類においても，同じような役割を果たす．

　稚魚における各種ミネラルの必要性に関してはこれまで多くの研究がなされ，各種ミネラルの欠乏症と要求量が報告[1,2]されており，その概要を表 2・1 および 2・2 に示す．代表的な欠乏症としては，成長不良および死亡魚の増加が上述したいずれのミネラルについても認められている．骨格異常は P，Zn，Mn，Cu，Al 欠乏で引き起こされる．白内障は Zn および Mn，ヘモグロビン量およびヘマトクリット値の低下等の血液性状の異常は Fe，脂肪の蓄積は P，皮膚および鰭のびらんは Zn，酵素活性の異常は Zn および Se 欠乏で引き起こされることが報告されている[1,2]．これらの報告は，3 g 以下の稚魚を用いた場合が多く，それより大きな魚を用いて実験を行った場合，特に微量元素の

───────────────

＊ 東京水産大学

2. ミネラル　23

表2・1　魚類における主なミネラル欠乏症

ミネラル	欠　乏　症
Ca	食欲不振，成長不良，低飼料効率
P	成長不良，骨格異常(脊椎湾曲等)，灰分低下，脂質蓄積
Mg	成長不良，尿路結石
Fe	低色素性小球性貧血，ヘモグロビン量低下，ヘマトクリット値低下
Zn	成長不良，白内障，短躯症，皮膚および鰭のびらん，アルカリフォスファターゼ活性の低下
Mn	成長不良，短躯症
Cu	成長不良，脊椎骨奇形
Co	成長不良
Se	グルタチオンペルオキシダーゼ活性の低下
Al	短躯症
I	甲状腺異常

表2・2　精製飼料を用いて求めたミネラル要求量（稚魚期）

種類	ブリ	マダイ	ニジマス	ウナギ	コイ
Ca（g / kg）	R	NR	NR	2.7	NR
P（g / kg）	6.7	6.8	7〜8	5.8	6〜7
Mg（g / kg）	R	R	0.5〜0.7	0.4〜0.7	0.4〜0.5
Fe（mg / kg）	60〜160	150	60	170	150
Zn（mg / kg）	20	R	15〜30	R	15〜30
Mn（mg / kg）	R	R	13	R	13〜15
Cu（mg / kg）	ND	ND	3	R	3
Co（mg / kg）	ND	ND	0.05	R	3
Se（mg / kg）	ND	ND	0.2〜0.4	0.3〜0.5	R
I（mg / kg）	ND	ND	0.6〜0.8	R	ND

R：要求する，NR：飼料への添加の必要性を認めず，ND：未検討.

必要性が認められなかったという報告も多数ある[3, 4].

　また，成長の速い稚魚期における各種ミネラルの要求量が，卵アルブミン等のミネラルを極少量しか含まないものをタンパク源とした飼料で求められている．これは真に魚類が必要な量であると思われる．また，その量において，海水魚と淡水魚による差異はあまりなく，概ねPが6〜7 mg / g，Mgが0.5〜0.6 mg / g，Feが150 mg / kg，Znが20 mg / kg，Mnが13 mg / kg，Cuが3 mg / kg，Seが0.1 mg / kgとされている．一方，Jahan[5]は成長率が稚魚期に比較し低くなった成魚期では，Pの蓄積率が成長率に伴い低くなることを報告している．このことより，蓄積率が低くなると，成長に必要なPの要求量も低くなるのではないかと推察している．

§2. 各種飼料原料中のミネラルの利用性

　各種飼料原料中に含まれるミネラルの利用性は，ミネラルの存在形態および魚種の消化管の形態によって異なる．さらに，飼料中に含まれる他の物質によっても影響を受ける．

　ミネラルの吸収・利用で特徴的なことは，胃のある（有胃）魚と胃のない（無胃）魚で大きな違いがあることである．魚類の飼料は魚粉が主な原料であるため，魚粉由来の硬組織，すなわち第三リン酸カルシウム（ハイドロキシアパタイトの主成分）が多く含まれている．有胃魚では，第三リン酸カルシウムに含まれる P を 50 ％程度利用できるのに対し，無胃魚や胃腺の発達していないフグなどでは，水溶性の P しか吸収・利用できないため，難溶性の第三リン酸カルシウム中の P をほとんど利用できない．有胃魚のニジマス，無胃魚のコイを例にとり，それらにおける各種原料中のミネラルの吸収率を表 2・3 に示す[1]．表のように，養魚飼料の主な原料である魚粉に含まれる P の吸収率は消化管の形態により著しく異なる．魚粉中の P はコイでは水で抽出できる P が，ニジマスでは希塩酸で抽出できる P が吸収されることが報告されている[6, 7]．また，ニジマスでは成長に伴い，P の吸収率が異なることが報告されている[8]．そこで，主要な飼料原料である，北洋魚粉，沿岸魚粉，フェザーミール，肉骨粉，大豆油粕，濃縮大豆タンパク質，コーングルテンミールに含まれる P の吸収率の変化および大豆油粕をエクストルーダー処理した時の効果について，ニジマスを用いて測定した．

　その結果，魚粉の P の吸収率は成長に伴い，減少する傾向が認められたが，フェザーミールや植物性原料中のそれは 2 g で低く，10 g 以上で改善されればほぼ安定した．また，大豆油粕を 150℃ほどの高温でエクストルーダー処理すると，大豆に含まれるフィチンに結合したPが解離され，吸収が改善された．各

表 2・3　各種飼料原料中の P の吸収率（％）

飼料原料	コイ	ニジマス
第一リン酸カルシウム	94	94
第二リン酸カルシウム	46	71
第三リン酸カルシウム	13	64
第一リン酸カリウム	94	98
第一リン酸ナトリウム	94	98
カゼイン	97	90
卵アルブミン	71	—
沿岸魚粉	24	74
北洋魚粉	0〜18	66
米ぬか	25	19
小麦胚芽	57	58

—：未検討

種原料中 P の吸収率は，北洋魚粉 31〜46 %，沿岸魚粉 49〜59 %，肉骨粉 36〜46 %，フェザーミール 36〜84 %，大豆油粕 3.4〜37 %，エクストルーダー処理大豆油粕 25〜58 %，濃縮大豆タンパク質 3.7〜34 %，コーングルテンミール 0〜17 %であった.

ニジマスの魚体重と各種原料中の P の吸収率の関係が以下の式で表されている.

北洋魚粉	$y = -0.0612\,x + 43.367$	$R^2 = 0.6124$
沿岸魚粉	$y = -0.0448\,x + 56.718$	$R^2 = 0.6046$
肉骨粉	$y = 0.0461\,x + 36.581$	$R^2 = 0.6814$
フェザーミール	$y = 6.3875\,\mathrm{Ln}\,(x) + 56.718$	$R^2 = 0.6046$
大豆油粕	$y = 5.0264\,\mathrm{Ln}\,(x) + 13.479$	$R^2 = 0.4987$
エクストルーダー処理大豆粕	$y = 5.5073\,\mathrm{Ln}\,(x) + 27.122$	$R^2 = 0.7848$
濃縮大豆タンパク	$y = 4.9011\,\mathrm{Ln}\,(x) + 7.848$	$R^2 = 0.6152$
コーングルテンミール	$y = 2.4883\,\mathrm{Ln}\,(x) + 0.1155$	$R^2 = 0.6578$

x＝体重（g）

養魚飼料の主な原料である魚粉には，表 2・4 で示すように，いろいろなミネラルが含まれており，これらの魚粉を 50 %程度飼料に配合すると，前述した魚の P や Zn の要求量を満足するものとなる．しかしながら，Zn 等の微量元素を魚粉飼料に添加しないとニジマスでは，成長不良，白内障，短躯症などの症状を示すことが，コイでは Mn を添加しないと成長不良および短躯症を示すことが報告されている [9, 10]．また，海水魚のマダイでは P あるいは Zn，ブリでは Zn および Mg，ヒラメでは P を添加しないと成長不良およびそれぞれのミネラル含量の低下が報告されている [11, 12]．これらの症状を改善するため，各種ミネラルの必要添加量を表 2・5 に示す．魚粉中の P を有胃魚は利用できるので，魚粉飼料への必要添加量は要求量より低い値となっている．しかしながら，Zn では要求量より高い値となっている [13]．これは，魚粉に含まれる第三リン酸カルシウムが Zn の吸収を阻害するためで，要求量以上の Zn を添加しなければならないことが報告されている [14]．

表2・4 各種飼料原料中のミネラル含量

原料	Ca (g/kg)	P (g/kg)	Mg (g/kg)	Fe (mg/kg)	Zn (mg/kg)	Mn (mg/kg)	Cu (mg/kg)
北洋魚粉	73	39.7	2.8	181	90	12	6.0
沿岸魚粉	44.3	27.3	2.5	289	141	11.1	6.2
アンチョビーミール	37.5	24.9	2.5	218	105	11.0	9.0
ヘリングミール	36.0	18.2	1.5	125	131	6.4	6.0
メンハーデンミール	51.8	28.9	1.4	480	148	34.0	11.0
血粉	4.8	2.4	2.2	2784	-	6.0	8.0
ミートミール	88.5	44.0	2.7	440	80	10.0	10.0
ミートボーンミール	103	51.0	10.2	684	89	13.0	12.0
コーングルテンミール	1.6	5.0	0.6	386	174	8.0	28.0
菜種油粕	6.1	9.5	5.5	159	71	54	10
大豆油粕	2.6	6.3	2.8	133	55	37	20
小麦粉	1.1	8.8	3.6	112	103	112	19

表2・5 魚粉主体飼料へのミネラル添加必要量 (稚魚期)

種類	ブリ	マダイ	ニジマス	ウナギ	コイ
P (g/kg)	3.4	4	0	ND	7
Mg (g/kg)	R	0.7	0.7	ND	0.4〜0.5
Zn (mg/kg)	40	40	40	50〜100	40
Mn (mg/kg)	R	R	15	10〜20	10
Cu (mg/kg)	ND	ND	ND	5	ND
Co (mg/kg)	ND	ND	ND	5>	ND
I (mg/kg)	ND	ND	ND	5〜50	ND

R：必要性がある.　　ND：未検討.

　微量元素の利用阻害物質としては，上述した第三リン酸カルシウムと植物性原料中のフィチンが知られている [15, 16]. 養魚飼料に多量に配合される魚粉中には骨などの硬組織由来の第三リン酸カルシウムが含まれる．この第三リン酸カルシウムが，ニジマスでは魚粉由来の Zn [14] や Mg [17]，さらには添加した各種微量元素の利用に影響を及ぼす．さらに，第三カルシウムと植物性原料に含まれるフィチンの両方が飼料に存在すると，Zn の利用をさらに悪くすることが報告されている [18].

　最近，畜産では，通常の微量元素剤を用いると，摂取された Zn などの微量元素が胃で第三リン酸カルシウムおよびフィチンと結合し吸収されにくくなることがわかったため，アミノ酸と結合させた微量元素を添加したものを摂取さ

せると，その利用性が改善されることが報告されている．アメリカナマズにメチオニンと硫酸亜鉛を結合させたものを用いると，通常の硫酸亜鉛に比較し，3～4倍の利用性があったと報告されている[19]．また，2つのアミノ酸で微量元素をキレート結合させたZnを魚粉と植物性タンパク源を配合した飼料に添加してニジマスを飼育した結果，成長には有意な効果は見られなかったが，Znの吸収率が向上し，骨芽細胞の活性を現し，Zn欠乏でその活性が低下するアルカリフォスファターゼ活性が強くなることが報告された[20]．同様に，アミノ酸キレートマンガンを添加するとニジマスでは，成長が向上し，マンガンの蓄積率も高くなることがわかった[21]．また，精製飼料に第三リン酸カルシウムとフィチンを配合した飼料におけるアミノ酸キレート微量元素の添加効果をニジマスで検討した結果，無機の微量元素を添加した区では，成長が劣ったのに対し，アミノ酸キレート微量元素を添加した区では，成長は劣らなかった．また，アルカリフォスファターゼ活性もアミノ酸キレート微量元素を添加した区で有意に高くなったと報告されている[22]．

§3．生体防御能への影響

各種ミネラルの添加により，生体防御能に関する各種パラメーターが改善されることが報告されている．Zn添加量の異なる魚粉飼料でニジマスを飼育した場合，飼料がZn要求量を著しく満足していないと，非特異的免疫反応の一つであるナチュラルキラー様細胞（NK細胞）活性が低下し，飼料へのZnの添加量および飼料中の有効Zn含量の増加に伴い，NK細胞の活性が増加することが報告さ

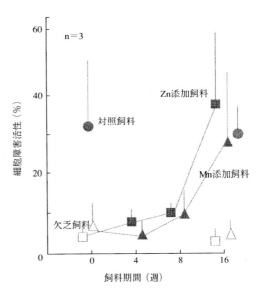

図2・1 Zn, Mn 欠乏飼料を給餌したニジマスのナチュラルキラー細胞（NK）活性の回復

れている[23]．また，図2・1に示すように，Znあるいは Mn 欠乏飼料でニジマス
を長期間飼育すると，Zn および Mn を添加した対照飼料に比較し，有意に
NK 細胞の活性が低くなるが，そのニジマスに Zn および Mn を添加した対照
飼料を給餌すると，8週目までは顕著な回復はみられなかったが，16週間給餌
すると NK 細胞の活性が対照区と同程度まで回復した[24]．また，ニジマスでは
細胞の貪食能活性の指標となるスーパーオキシドディスムターゼ（SOD）活性
が，第三リン酸カルシウムおよびフィチンを配合した飼料を給餌すると低下す
るが，アミノ酸キレート微量元素を添加した飼料を給餌した場合，SOD 活性
が低下しないことが，報告された．さらに，同様の傾向が *Streptococcus* sp.
による 17 日間の攻撃試験における血球凝集反応においてもみられ，アミノ酸
キレート微量元素を添加することにより斃死率も減少することが報告された．

　ミネラルは魚類の成長はもとより，生体防御能を高めるなど，魚を健康に育
てるために重要な栄養素である．

文　献

1 ）荻野珍吉：無機質，魚類の栄養と飼料（荻
野珍吉編）．恒星社厚生閣．1980，
pp.232-246.

2 ）佐藤秀一：ミネラル，添加商品ベストガイ
ド，養殖，臨時増刊，2000, pp.19-22.

3 ）S.Sakamoto and Y.Yone ： Requirement
of red sea bream for dietary trace
elements. *Nippon Suisan Gakkaishi*, 44,
1341-1344 （1978）.

4 ）古市正幸・古庄泰之・松井誠一・北島
力：海産魚用配合飼料への無機質添加の必
要性．平成 3 年度日本水産学会秋季大会講
演要旨集 533.

5 ）P.Jahan ： Development of eco-friendly
aquafeeds for culturing carp. Dissertation
doctoral thesis, Tokyo University of
Fisheries, 2002, pp.172.

6 ）S.Satoh, V.Viyakarn, Y.Yamazaki,
T.Takeuchi and T.Watanabe ： A simple

method for determination of available
phosphorus content in fish diet. *Nippon
Suisan Gakkaishi*, 58, 2095-2100（1992）.

7 ）S.Satoh, V.Viyakarn, T.Takeuchi, and
T.Watanabe ： Availability of phosphorus
in various phosphate to carp and rainbow
trout determined by a simple
fractionation method. *Fish. Sci.*, 63, 297-
300 （1997）.

8 ）S.Satoh, M.Takanezawa, A.Akimoto,
V.Kiron, and T.Watanabe ： Changes of
phosphorus absorption from several feed
ingredients in rainbow trout during
growing stages and effect of extrusion of
soybean meal. *Fish. Sci.*, 68, 325-331
（2002）.

9 ）佐藤秀一・山本裕夫・竹内俊郎・渡邉
武：ニジマスに対する各種微量元素無添加
魚粉飼料の影響．日水誌，49, 425-429

(1993).

10) 佐藤秀一・山本裕夫・竹内俊郎・渡邉武：コイに対する各種微量元素無添加魚粉飼料の影響. 日水誌, **49**, 431-435 (1993).

11) S.Satoh, R.Ishida, T.Takeuchi, T.Watanabe, and S.Seikai : Necessity of mineral supplement to fish meal based red sea bream feed. *Suisanzoshoku*, **46**, 535-540 (1998).

12) S.Satoh, R.Ishida, T.Takeuchi, T.Watanabe, N.Mitsuhashi, K.Imaizumi, and S.Seikai : Necessity of mineral supplement to fish meal based feed for yellowtail and Japanese flounder. *Suisanzoshoku*, **49**, 191-197 (2001).

13) S.Satoh, T.Takeuchi and T.Watanabe : Availability to rainbow trout of zinc in white fish meal and of various zinc compounds. *Nippon Suisan Gakkaishi*, **53**, 595-599 (1987).

14) S.Satoh, K.Tabata, K.Izume, T.Takeuchi, and T.Watanabe : Effect of dietary tricalcium phosphate on availability of zinc to rainbow trout. *Nippon Suisan Gakkaishi*, **53**, 1199-1205 (1987).

15) D.M.Gatlin III and H.F.Phillips : Dietary calcium, phytate and zinc interactions in channel catfish. *Aquaculture*, **79**, 259-266 (1989)

16) S.Satoh, W.E.Poe and R.P.Wilson : Effect of supplemental phytate and/or tricalcium phosphate on weight gain, feed efficiency and zinc content in vertebrae of channel catfish. *Aquaculture*, **80**, 155-161 (1989).

17) S.Satoh, T.Takeuchi, and T.Watanabe : Availability to manganese and magnesium contained in white fish meal to rainbow trout *Oncorhynchus mykiss*. *Nippon Suisan Gakkaishi*, **57**, 99-104 (1991)

18) N.Porn-ngam : A study on dietary inhibitors of zinc utilization in rainbow trout *Oncorhynchus mykiss*, Dissertation doctoral thesis. Tokyo University of Fisheries, 1994, pp.188.

19) T.Paripatananont, and R.T.Lovell : Chelated zinc reduces the dietary requirements of channel catfish, *Ictalurus punctatus*. *Aquaculture*, **133**, 73-82 (1995).

20) M.J.Apines, S.Satoh, V.Kiron, T.Watanabe, N.Nasu, and S.Fujita : Bio-availability of amino acids chelated and glass embedded zinc to rainbow trout, *Oncorhynchus mykiss*, fingerlings. *Aquacul. Nutr.*, **7**, 221-228 (2001).

21) S.Satoh, M.J.Apines, T.Tsukioka, V.Kiron, T.Watanabe, and S.Fujita : Bioavailability of amino acid chelated and glass embedded manganese to rainbow trout, *Oncorhynchus mykiss*, fingerlings. *Aquacu. Res.*, **32** (S), 18-25 (2001).

22) M.J.S.Apines, S.Satoh, V.Kiron, T.Watanabe, and T.Aoki : Availability of supplemental amino acid-chelated trace elements in diets containing tricalcium phosphate and phytate to rainbow trout, *Oncorhynchus mykiss*. *Aquaculture*, **225**, 431-444.

23) V.Kiron, A.Gunji, N.Okamoto, S.Satoh, Y.Ikeda, and T.Watanabe : Dietary nutrient dependent variations on natural-killer activity of the leucocytes of rainbow trout. *Fish Pathol.*, **28**, 71-76 (1993).

24) M.Inoue, S.Satoh, M.Maita, V.Kiron, and N.Okamoto : Recovery from derangement of natural killer-like activity of leucocytes due to Zn or Mn deficiency in rainbow trout with oral administration of the minerals. *J. Fish Disease*, **21**, 233-236 (1998).

25) M.J.S.Apines : Evaluation of amino acid-chelated trace elements as dietary supplement and their influence on the immune response in rainbow trout. *Oncorhynchus mykiss*, Dissertation doctoral thesis, Tokyo University of Fisheries, 2003, pp.145.

3. 脂　　質

石　川　　学 *

　魚類栄養において，脂質は，エネルギー，必須脂肪酸，脂溶性ビタミンおよびリン脂質の供給源だけでなく，細胞膜の維持と保護，脂溶性成分の体内での運搬などに重要な役割を果たしていることが明らかになっている．ここでは，仔稚魚の健全性に及ぼす高度不飽和脂肪酸およびリン脂質の効果を中心に最近の知見を紹介する．

§1.　脂質の栄養価および必須脂肪酸

1・1　脂質の栄養価

　近年，魚粉の原料となるマイワシなどの漁獲量が減少し，配合飼料の主原料である魚粉の使用量削減のために代替タンパク質の研究が広く行われている．また，二軸エクストルーダーを用いたドライペレットの開発に伴い，飼料中の脂質含量を高めることが可能となり，脂質のタンパク質節約効果も考慮して脂質含量が飼料乾物 100 g 当たり 20 g を超える高脂質添加飼料がブリやマダイ用配合飼料に使用されるようになった．しかし，飼料脂質として広く用いられるスケトウダラ肝油などの魚油は，魚粉と同様に大部分が海外からの輸入に依存しており，その価格や生産量も漁獲量に影響される．Takeuchi らは，コイやニジマスにおいて，必須脂肪酸を必要量添加した場合，パーム油や牛脂を脂質源として利用できると報告しているが，代替脂質に関する研究は，代替タンパク質に比べその研究例は少ない [1]．Aoki は，ブリ稚魚（平均体重 142～145 g）をパーム油および牛脂単独あるいは両者を併用して，魚油 20 ％のうち，半量の 10 ％を置き換えた試験飼料で飼育し，脂質源がブリ稚魚の成長および飼料転換効率に影響を与えないことを報告している [2]．さらに，試験飼料，ブリ背肉および肝臓の総脂質の脂肪酸組成より算出した過酸化脂質の生成され易さを示す指標である Peroxidizability index（PI）を比較すると，代替脂質区の

---

*1 鹿児島大学水産学部

試験飼料および背肉の PI は，魚油単独区に比較して低く，代替脂質の使用により飼料や魚肉の酸化安定性を高めることが明らかにされた.

1・2　必須脂肪酸（EFA）

1）EFA の評価法

稚魚期の EFA 要求に関する研究は，1960 年代後半より始まり，淡水魚では，リノレン酸またはリノール酸あるいは両者を要求する三型が，海産魚では n-3 HUFA，特にエイコサペンタエン酸（EPA）およびドコサヘキサエン酸（DHA）を要求することが明らかにされている．近年，仔魚期の EFA 要求も解明されつつあり，海産魚では稚魚と同様に n-3HUFA を要求するが，要求量は稚魚に比べて高いことがわかっている．実際，仔魚は急激な成長および変態のために稚魚期に比べ，多くの n-3 HUFA を必要としている．また，ほとんどの魚種では，脂質を強化した生物飼料または微粒子飼料と生物飼料を併用して試験を行っているために生物飼料と飼料の摂取量が明らかでないなどの技術的な原因も影響していると考えられる．さらに，仔魚期の要求量の決定には，種苗生産や放流時の環境変化の影響も考慮して，成長と生残に加えて環境変化ストレス耐性試験を用いていることから，これまでに得られた仔魚期の EFA 要求量は，仔魚の成長と生残に必要な最少要求量でなく，ストレス耐性を加味した推奨量といえる．環境変化ストレス耐性試験には，空中乾出耐性試験（マダイ[3]，マダラ[4]，ブリ[5]，シイラ[6]，イシダイ[7]）が以前から用いられてきたが，乾出耐性試験で効果の判定が困難な魚種では，高塩分濃度試験（ヒラメ[8]ミルクフィッシュ[9]，Asian seabass[10]）も使用される．マダイ[11]およびヒラメ[12]では，3 つの耐性実験（低塩分濃度試験，低溶存酸素試験および水温上昇試験）によってストレス耐性を判定している例もある．北島[13]，Takeuchi[14]，Dhert ら[15] が指摘しているように，EFA の効果を正しく評価するためには，魚種や発育段階に応じて，試験項目および条件（時間，濃度，死亡判定）を適切に設定しなければならない.

2）EFA 要求量

ワムシ摂餌期の n-3 HUFA 要求量は，乾物換算でマダイ 3.5％[3]，イシダイ 3.0％[16]，ヨーロッパ Turbot 1.2〜3.2％[17]，ガザミ[18] では 0.9〜1.7％と報告されている．アルテミア摂餌期の DHA 要求量は，マダイ[19]，ヒラメ[20] では

1.0～1.6 %であるが，ブリ[5]，シマアジ[21] およびマダラ[4] では 1.4～2.6 %とやや高い値を示している．ヒラメを除いて，いずれの魚種でも EPA より DHA の効果が高いことが明らかにされている．この時期の n-3 HUFA 欠乏症として，いずれの魚種でも生残率の低下がみられるが，マダイでは鰓の発達不良による脊椎異常，ヒラメでは白化個体の出現率の増加，ミルクフィシュ[22] では鰓蓋の奇形が報告されている．海産仔稚魚の脂肪酸要求に関しては，Watanabe and Kiron[23] および Takeuchi[14] の総説があるので参照されたい．

3）アラキドン酸（AA）のEFAとしての効果

アラキドン酸は哺乳類においてエイコサノイド生成や免疫に深く関与していることが知られている．海産魚は，鎖長延長酵素と脂肪酸不飽和化酵素をもたないため，EFA と同様に AA は生合成できない．そこで，ヒラメ[24]，マダラ[4] およびブリ[25] において AA の EFA としての効果が検討されたが，DHA や EPA に比べて効果が低いことが報告されている．Turbot において，AA はアユやクルマエビの生残に効果を示すホスファチジルイノシトール（PI）に特異的に取り込まれるとの報告[26] もあり，最近，ヨーロッパにおいて海産魚の AA 要求に関する研究が，盛んに行われている[27]．脂質源として水素添加したココナッツ油に DHA，AA または AA と DHA を 1：1 で添加した飼料を Turbot 稚魚に投与した試験では，AA 1 %添加区は，対照区の魚油区とほぼ同等の成長および生残を示した[28]．また，ヘダイ仔魚に AA 1 %添加飼料を投与すると成長が，1.8 %添加飼料を投与すると生残も改善するとの報告がある[29]．Koven らも AA の添加による移槽ストレスおよび塩分濃度変動耐性の向上を報告している[30]．

いずれの場合も，AA の効果には飼料もしくは生物餌料の DHA / EPA 比が影響していると考えられる．今後，代替脂質の研究等で植物油を脂質源に使用する場合には，DHA / EPA および AA 比について考慮する必要があると考えられる．

§2．高度不飽和脂肪酸の生理効果と体組織への蓄積

2・1　高度不飽和脂肪酸の生理効果

放射性同位元素で標識した DHA を投与して，Turbot における DHA の体組

織および器官への取込みを調べた研究では，DHA は脳のリン脂質画分に取り込まれることが明らかにされた[31]．また，^{14}C 標識 DHA を強化したアルテミアをブリ仔魚に投与した試験では，DHA は，主に脳と眼に取り込まれることが確認されている[32]．マダイ稚魚では，摂取した DHA は，眼球や脳のリン脂質画分に取り込まれる[33]．Ishizaki らは，オレイン酸，EPA または DHA でそれぞれ強化したアルテミアでブリ仔魚を飼育し，オレイン酸強化区では正常な成群行動が観察されず，DHA および EPA 強化区と比較して，体の平衡と行動を司るといわれている小脳と視覚の中枢である視蓋の容積が小さいことを報告している[34, 35]．同様に，EPA および DHA を強化したアルテミアを摂取したヒラメ仔魚でも，EFA 未強化アルテミア区に比べ，強化区の仔魚の小脳の容積が大きく，脳の発達に EFA が関与していることを示唆している[8]．摂取された DHA は，細胞膜成分であるリン脂質に取り込まれ，細胞膜の環境変化に対する耐性を高めるとともに，神経中枢を発達させ，神経系への環境変化の影響を低減していると推測される．

2・2　Pharmacokinetics（PK）法を用いた EPA および DHA の体内動態の解明

PK 法とは，被検物質が投与されてから体外に排泄されるまで，被検物質がたどる速度過程を定量的に考察する方法である．投与した被検物質の血漿中濃度を経時的に測定して，血漿中濃度の経時的変化を解釈しやすい数学モデルに組み立て，最高血中濃度，血漿中濃度 — 時間曲線下面積および平均滞留時間などのパラメータを算出し，被検物質の利用性を評価する．水産動物では，ニジマスとブリにおいて，オキシテトラサイクリンなど抗生物質の適用例はあるが，栄養成分での研究例はない[36, 37]．Tago and Teshima は，安定同位体である ^{13}C 標識 EPA を用いて，ヒラメでの EPA の生体内動態を調べている[38]．遊離型，エチルエステル型および分子種に ^{13}C-EPA をもつホスファチジルコリン（PC）の 3 種の形態の ^{13}C-EPA をヒラメに経口投与し，各種 EPA の生化学的利用率を比較し，^{13}C-EPA の形態によりこれが異なり，エステル型の利用能が遊離型やリン脂質の形態に比べて低いことを報告している[38]．これはリン脂質の形態の n-3 HUFA がエステル型に比べ吸収され易いとしている Seabass やTurbot での報告[39]と一致する．また，血漿中 ^{13}C-EPA 濃度は，投与量が増加

するにつれて上昇することから，EPA の投与量により血漿中濃度を調節することが可能であることが確認された．次に，[13]C 標識脂肪酸（DHA 35.8 ％含有）を用いて，同様の実験をマダイ稚魚で行い，DHA 投与量から血漿中濃度を推定することが可能であることが示された[33]．この例のように血漿中の栄養成分濃度が投与量に応じて変化する場合，PK パラメータを基に投与計画を設定し，血漿中栄養成分濃度を任意に調節することが可能となる．

§3. 各種脂質の利用性

3・1 リン脂質

リン脂質は，仔魚期の正常な成長と生残に不可欠な成分であり，ヒラメ[7]，アユ[40]，イシダイ[7] およびクルマエビ[41] の成長の改善と奇形発生の抑制に効果を示すことが明らかにされている．また，ヘダイ仔魚 *Sparus aurata* において，リン脂質の添加により遊離脂肪酸の吸収が改善されるという報告[42] もあり，リン脂質が仔魚期の脂質代謝にも大きな役割を果たしていることは間違いない[43, 44]．しかし，その作用機序についてはまだ不明である．Kanazawa は，大豆，鶏卵などのリン脂質を用いて，ヒラメに対する効果を調べ，いずれのリン脂質もリン脂質無添加区と比較して，成長および生残を改善し，その中でも大豆レシチンが優れていることを示した．さらに，大豆レシチンをカラムクロマトグラフィーにより PC，PI，ホスファチジルエタノールアミン（PE）に分画し，ヒラメにおけるこれら画分の活性を調べた実験では，PC が最もよい成長を示している[7]．Geurden らは，ピーナツ油を脂質源とした試験飼料を用いて，コイ仔魚 *Cyprinus carpio* に対する大豆リン脂質画分の効果を試験し，成長の改善については PC が，生残率の向上には PI 画分が高い活性を示すと報告した[45]．この研究では，アユ仔魚と同様に PI はコイ仔魚の奇形防止にも効果を示しているが，奇形発生率が試験により異なり，コイの奇形発生には，PI の欠如以外の因子も関与していると考えられる．

これらの結果から，2 位に HUFA を含有する PC や PI が，高い活性を示すことが明らかになったが，その機序は不明である．最近，PC の作用機序を明らかにするために，分子種に任意の脂肪酸をもつ合成 PC を用いた研究が行われている．Tago らは，分子種に DHA もしくは EPA をもつ合成 PC（DHA-

PC, EPA-PC）を用いて，ヒラメ仔魚に対する成長と環境変化ストレスに対する耐性を調べ，DHA-PC は，EPA-PC やトリグリセリド型 DHA と比較して，温度上昇，低塩分および低溶存酸素ストレス耐性に高い活性を示すことから，リン脂質の分子種がストレス耐性に影響することを明らかにした[12].

　手島らは，DHA またはミリスチン酸（MA）を分子種にもつ 3 種類の合成 PC（MD-PC，DM-PC，DD-PC）を用いて，ヒラメ仔魚の成長およびストレス耐性に及ぼす効果を検討し，エチルエステル型 DHA に比べ，成長とストレス耐性に高い活性を示すことを明らかにした[46]. また，筆者の研究室において，DHA または MA を分子種にもつ 4 種類の合成リゾ型 PC（1M-LPC，2M-LPC，1D-LPC，2D-LPC）のヒラメ仔魚の成長およびストレス耐性に対する効果を調べた結果，いずれの LPC も成長に対する効果はほぼ同様であるが，2 位の位置に DHA をもつ LPC（2D-LPC）は，温度上昇ストレスに高い効果を示した[46].

　Samples らは，培地への脂肪酸添加がニジマスの白血球における熱刺激タンパク質 70（HSP70）mRNA の発現量に与える影響を調べ，温度ストレスを与えた際に脂肪酸が存在すると，HSP70 mRNA の発現量が増加すること，オレイン酸に比べて DHA や AA などの HUFA の方が mRNA の発現量が高いこと，また，Phospholipase A_2 の阻害剤である 1, 25-dihydroxyvitamin D_3 の添加によって発現量が低下することを確認している[47]. 2 位に DHA をもつ PC を摂取した仔魚では，温度ストレス時に生じる細胞膜タンパク質の変性がきっかけとなって Phospholipase A_2 が働き，細胞膜中のリン脂質より DHA を遊離する．DHA は生理活性脂質として HSP70 生成の信号伝達を行い，生成した HSP70 が変性した膜タンパク質の修復に使われるため，耐性が向上するものと推測される．

3·2　共役脂肪酸

　共役脂肪酸は，哺乳類において脂質代謝改善，抗腫瘍，抗動脈硬化，抗糖尿および免疫増強などの生理作用が報告されている．Yasmin and Takeuchi は，リノール酸（LA）と共役リノール酸（CLA）比の異なる 4 種類の飼料（LA/CLA：8/0，6/2，4/6，0/8）をティラピア稚魚（平均体重 3.8 g）に給餌し，成長と体脂質成分について検討している[48]. CLA の添加により，LA 8

％飼料と比較して筋肉と肝臓脂質の減少，特にトリグリセリド含量の低下がみられたが，同時に成長も低下した．魚類における共役脂肪酸を用いた研究はまだ少なく，その効果および生理作用については未だ不明であり，共役脂肪酸の測定法の検討も含め，今後の研究の発展が望まれる．

3・3　高度不飽和脂肪酸含有トリグリセリドおよびリン脂質

酵素的合成[49, 50]，化学合成[12]および藻類や微生物を用いた生合成[51, 52]などの脂質合成技術の開発により，EPA や DHA などの高度不飽和脂肪酸を分子種にもつトリグリセリドやリン脂質の合成が可能となった．Hayashi らは，培養条件を改良することによって，任意の脂肪酸をクロレラ細胞内のトリグリセリドに取り込ませることに成功している[51]．これらの合成脂質は，栄養強化飼料としてだけでなく，新たな機能性脂質としての用途が期待できる．また，分子種が明らかで，高純度の脂質が入手できるため，仔稚魚の脂質代謝解明のための脂質源としても有効であると考えられる．

3・4　中鎖脂肪酸

Hirazawa らは，短鎖脂肪酸（炭素数 2 ～ 4）および中鎖脂肪酸（炭素数 6 ～ 10）を用いて，トラフグに寄生するヘテロボツリウムの防除効果を調べている[53]．中鎖脂肪酸はいずれもヘテロボツリウムの防除に効果を示したが，その中でも炭素数 8 のオクタン酸（OTA，カプリン酸）が最も高い効果を示した．高水温時には防除効果が低下し，魚体に寄生した虫の駆除には効果がないなどの問題は残っているが，トラフグ養殖における寄生虫の問題は深刻であり，環境に優しく安全な防除剤として期待される[54]．OTA の作用機序の解明と効率的な使用方法の確立が必要である．

仔魚期の脂質要求に関する研究と生物餌料は密接な関係にある．仔魚期の研究の多くは，脂質を強化した生物餌料単独もしくは人工飼料と生物餌料の併用で行われてきた．得られた成果は種苗生産の現場にフィードバックされ，健苗育成と新魚種の種苗生産技術の開発につながっている．一方，脂質の生理作用および代謝機構の解明に生物餌料の存在が障害となっている例もあり，仔魚期の栄養素代謝解明の面からは，生物餌料を使用せずに単独で使用可能な微粒子飼料の開発が望まれる．

文　献

1) T. Takeuchi, T. Watanabe, and C. Ogino : Use of hydrogenated fish oil and beef tallow as a dietary energy source for carp and rainbow trout. *Nippon Suisan Gakkaishi*, 44, 875-881 (1978).

2) H. Aoki : Development of new fish feed for marine fish with special reference to alternate ingredients. *Bull. Fish. Res. Inst. Mie*, 8, 15-107 (1999).

3) M.S. Izquierd, T. Watanabe, T. Takeuchi, T. Arakawa, and C. Kitajima : Requirement of larval red seabream Pagrus major for essential fatty acids. *Nippon Suisan Gakkaishi*, 55, 859-867 (1989).

4) 鄭　峰・竹内俊郎・與世田兼三・小林真人・廣川　潤・渡邉　武：アルテミア幼生摂餌期のマダラ稚仔魚のアラキドン酸, EPA および DHA 要求. 日水誌, 62, 669-676 (1996).

5) H. Furuita, T. Takeuchi, T. Watanabe, H. Fujimoto, S. Sekiya, and K. Imaizumi : Requirements of larval yellowtail for eicosapentanoic acid, docosahaenoic acid, and n-3 highly unsaturated fatty acid. *Fish. Sci.*, 62, 372-379 (1996).

6) S. Kraul, K. Brittain, R. Cantrell, T. Nagao, H. Ako, A. Ogasawara, and H. Kitagawa : Nutritional factors affecting stress resistance in the larval mahimahi *Coryphaena hippurus. J. World Aquacul. Soc.*, 24, 186-193 (1993).

7) A. Kanazawa : Essential phospholipids of fish and crustaceans. In "Fish Nutrition in Practice". (S.J. Kanshik and P. Luquet, eds.), INRA, Paris, 1993, pp. 519-530.

8) H. Furuita, K. Konishi, and T. Takeuchi : Effect of different levels of eicosapentaenoic acid and docosahexaenoic acid in Artemia nauplii on growth, survival and salinity tolerance of larvae of the Japanese flounder, *Paralichthys olivaceus. Aquaculture*, 170, 59-69 (1999).

9) R.S.J. Gapasin, R. Bombeo, P. Lavens, P. Sorgeloos, and H. Nelis : Enrichment of live food with essential fatty acids and vitamin C : effects on milkfish (*Chanos chanos*) larval performance. *Aquaculture*, 162, 269-286 (1998).

10) P. Dhert, P. Lavens and P. Sorgeloos : Improved larval survival at metamorphosis of Asian seabass (*Lates calcarifer*) using omega 3-HUFA-enriched live food. *Aquaculture*, 90, 63-74 (1990).

11) A. Kanazawa : Effects of docosahexaenoic acid and phospholipids on stress tolerance of fish. *Aquaculture*, 155, 129-134 (1997).

12) A. Tago, Y. Yamamoto, S. Teshima and A. Kanazawa : Effects of 1, 2-di-20:5-phosphatidylcholine (PC) and 1, 2-di-22 : 6-PC on growth and stress tolerance of Japanese flounder (*Paralichthys olivaceus*) larvae. *Aquaculture*, 179, 1-4 (1999).

13) 北島　力：飼育過程での評価方法, 放流魚の健苗性と育成技術（日本水産学会編）恒星社厚生閣, 1993, pp.31-40.

14) T. Takeuchi : Essential fatty acid requirements of aquatic animals with emphasis on fish larvae and fingerlings. *Rev. Fish. Sci.*, 5, 1-25 (1997).

15) P. Dhert, P. Lavens and P. Sorgeloos : Stress evaluation : A tool for quality control of hatchery-produced shrimp and fish fry. *Aquacult. Eur.*, 17, 6-10 (1992).

16) 金澤昭夫・小林茂・手島新一・越塩俊介：イシダイ稚魚のドコサヘキサエン酸とエイコサペンタエン酸要求. 平成元年度日本水産学会春季大会要旨集, p.48.

17) C. Le-Milinaire, F.J. Gatesoupe and G.

Stephan : Quantitative approach to n-3 long chain polyunsaturated fatty acid requirement of turbot larvae (*Scophthalmus maximus*). *Compt. Rend. l'Acad. Sci. Serie III*, **296** : 917-920 (1983).

18) 竹内俊郎・中本吉彦・浜崎活幸・関谷幸生・渡邉　武：ガザミ幼生の n-3 高度不飽和脂肪酸要求．日水誌, **65**, 797-803 (1999).

19) H. Furuita, T. Takeuchi, M. Toyota, and T. Watanabe : EPA and DHA requirements in early juvenile red sea bream using HUFA enriched *Artemia nauplii*. *Fish. Sci.*, **62**, 246-251 (1996).

20) H. Furuita, K. Konishi, and T. Takeuchi, : Effect of different levels of eicosapentaenoic acid and docosahexaenoic acid in Artemia nauplii on growth, survival and salinity tolerance of larvae of the Japanese flounder, *Paralichthys olivaceus*. *Aquaculture*, **170** : 59-69 (1998).

21) T. Takeuchi, R. Masuda, Y. Ishizaki, T. Watanabe, M. Kanematsu, K. Imaizumi , and K. Tsukamoto : Determination of the requirement of larval striped jack for eicosapentaenoic acid and docosahexaenoic acid using enriched *Artemia nauplii*. *Fish. Sci.*, **62**, 760-765 (1996).

22) R.S.J. Gapasin and M.N. Duray, : Effects of DHA-enriched live food on growth, survival and incidence of opercular deformities in milkfish (*Chanos chanos*). *Aquaculture*, **193**, 49-63 (2001).

23) T. Watanabe, and V. Kiron, : Prospects in larval fish dietetics. *Aquaculture*, **124** : 223-251 (1994).

24) H. Furuita, T. Takeuchi, and K. Uematsu, : Effects of eicosapentaenoic and docosahexaenoic acids on growth, survival and brain development of larval Japanese flounder(*Paralichthys olivaceus*).

Aquaculture, **161**, 269-279 (1998).

25) Y. Ishizaki, T. Takeuchi, T. Watanabe, M. Aritomo, and K. Shimizu : A Preliminary experiment on the effect of Artemia enriched with arachidonic acid on survival and growth of yellowtail. *Fish. Sci.* **64**, 295-299 (1998)

26) J.R. Sargent, R.J. Henderson and D.R. Tocher : The lipids. In Fish Nutrition (J.E. Halver ed.), Academic Press, San Diego, 1989, pp.153-218.

27) J.G. Bell and J.R. Sargent : Arachidonic acid in Aquaculture,ure feeds : current status and future opportunities. *Aquaculture*, **218**, 491-499 (2003).

28) J.D. Castell, J.G. Bell, D.R. Tocher and J.R. Sargent : Effects of purified diets containing different combinations of arachidonic and docosahexaenoic acid on survival, growth and fatty acid composition of juvenile turbot (*Scophthalmus maximus*) . *Aquaculture*, **128**, 315-333 (1994).

29) M. Bessonart, M.S. Izquierdo, M. Salhi, C.M. Hernandez-Cruz, M.M. Gonzalez and H. Fernandez-Palacio : Effect of dietary arachidonic acid levels on growth and fatty acid composition of gilthead sea bream (*Sparus aurata* L.) larvae. *Aquaculture*, **179**, 265-275 (1999).

30) W. Koven, Y. Barr, S. Lutzky, I. Ben-Atia, K. Gamsiz, R. Weiss and A. Tandler : The effect of dietary arachi-donic acid (20:4n-6) on growth, survival and resistance to handling stress in gilthead seabream (*Sparus aurata*) larvae. *Aquaculture*, **193**, 107-122 (2001).

31) D.R. Tocher, and E.E. Mackinlay : Incorporation and metabolism of (n-3) and (n-6) polyunsaturated fatty acids in phospholipid classes in cultured turbot (*Scophthalmus maximus*) cells. *Fish*

Physiol. Biochem., 8, 251-260. (1990).

32) R. Masuda, T. Takeuchi, K. Tsukamoto, H. Sato, K. Shimizu, and K. Imaizumi： Incorporation of dietary docosahexaenoic acid into the central nervous system of the yellowtail *Seriola quinqueradiata*. *Brain Behav. Evol.*, 53, 173-179 (1999).

33) A. Tago, and S. Teshima： Pharmacokinetics of Dietary ¹³C-Labeled Docosahexaenoic Acid and Docosapentaenoic Acid in Red Sea Bream *Chrysophrys major. J. World Acuacult. Soc.*, 33, 118-126 (2002).

34) Y. Ishizaki, R. Masuda, K. Uematsu, K. Shimizu, M. Arimoto, and T. Takeuchi： The effect of dietary docosahexaenoic acid on schooling behaviour and brain development in larval yellowtail. *J. Fish Biol.*, 58, 1691-1703 (2001).

35) Y. Ishizaki, K. Uematsu, and T. Takeuchi,： Preliminary study of the effect of dietary docosahexaenoic acid on the volumetric growth of the brain in larval yellowtail. *Fish. Sci.*, 66, 611-613 (2000).

36) K. Uno, T. Aoki, R. Ueno, and I. Maeda： Pharmacokinetics and metabolism of sulphamonomethoxine in rainbow trout (*Oncorhynchus mykiss*) and yellowtail (*Seriola quinqueradiata*) following bolus intravascular administration. *Aquaculture*, 153, 1-8. (1997).

37) K. Uno： Pharmacokinetic studies of drugs against vibriosis in cultured fish. In Recent Advances in Marine Biotechnology. (M. Fingerman and R. Nagabhushanam eds.) , Vol. 5, Science publisher Inc., New Hampshire, 2000, pp.335-356.

38) A. Tago, and S. Teshima： Pharmacokinetics of Dietary ¹³C-labeled Icosapentaenoic Acid in Japanese Flounder *Paralichthys olivaceus. J. World Acuacult. Soc.*, 33, 110-117 (2002).

39) I. Geurden, P. Coutteau, and P. Sorgeloos ： Effect of a dietary phospholipid supplementation on growth and fatty acid composition of European sea bass (*Dicentrarchus labrax* L.) and turbot (*Scophthalmus maximus* L.) juveniles from weaning onwards. *Fish Physiol. Biochem.*, 16, 259-272. (1997).

40) A. Kanazawa, S. Teshima, S. Inamori, T. Iwashita, and A. Nagao： Effects of phospholipids on growth, survival rate, and incidence of malformation in the larval ayu. *Mem. Fac. Fish. Kagoshima University*, 30, 301-309 (1981).

41) A. Kanazawa, S. Teshima, and M. Sakamoto：Effects of dietary lipids, fatty acids, and phospholipids on growth and survival of prawn (*Penaeus japonicus*) Larvae. *Aquaculture*, 50：39-49 (1985).

42) E. Hadas, W. Koven, D. Sklan, and A. Tandler： The effect of dietary phosphatidylcholine on the assimilation and distribution of ingested free oleic acid (18:1*n*-9) in gilthead seabream (*Sparus aurata*) larvae. *Aquaculture*, 217, 577-588 (2003).

43) I. Geurden, O.S. Reyes, P. Bergot, P. Coutteau, and P. Sorgeloos,： Incorporation of fatty acids from dietary neutral lipid in eye, brain and muscle of postlarval turbot fed diets with different types of phosphatidylcholine. *Fish Physiol. Biochem.*, 19, 365-375. (1998).

44) P. Coutteau, I. Guerden, M.R. Camara, P.Bergot, and P. Sorgeloos： Review on the dietary effects of phospholipids in fish and crustacean larviculture. *Aquaculture*, 155, 149-164 (1997).

45) I. Geurden, D. Marion, N. Chalon, P. Coutteau, and P. Bergot： Comparison of

3. 脂 質 41

different soybean phospholipidic fractions as dietary supplements for common carp, *Cyprinus carpio*, larvae. *Aquaculture*, 161, 225-235 (1998).

46) 手島新一・多胡彰郎・石川 学・越塩俊介：マダイにおけるリゾフォスファチジルコリンの栄養価. 平成 15 年度日本水産学会大会要旨集, p.144.

47) B.L. Samples, G.L. Pool, and R.H. Lumb, : Polyunsaturated fatty acids enhance the heat induced stress response in rainbow trout (*Oncorhynchus mykiss*) leukocytes. *Comp. Biochem. Physiol.*, *B*, 123B, 389-397 (1999).

48) A. Yasmin, and T. Takeuchi : Influence of dietary levels of conjugated linoleic acid (CLA) on juvenile tilapia *Oreochromis niloticus*. *Fish. Sci.*, 68, Supp. I, 991-992 (2002).

49) M. Hosokawa, H. Ohshima, H. Kohno, K. Takahashi, M. Hatano, and S. Odashima, : Synthesis of phosphatidylcholine containing highly unsaturated fatty acid by phospholipase A_2 and effect on retinoic acid induced differentiation of HL-60 cells. *Nippon Suisan Gakkaishi*, 59, 309-314 (1993).

50) M. Hosokawa, T. Shimatani, T. Kanada, Y. Inoue, and K. Takahashi : Conversion to docosahexaenoic acid-containing phosphatidylserine from squid skin lecithin by phospholipase D-mediated transphosphatidylation. *J. Agric. Food. chem.*, 48, 4550-4554 (2000).

51) M. Hayashi, T. Yukino, I. Maruyama, S. Kido, and S. Kitaoka : Uptake and Accumulation of Exogenous Docosahexaenoic Acid by *Chlorella*. *Biosci. Biotechnol. Biochem.*, 65, 202-204 (2001).

52) M. Hayashi, T. Yukino, and B.S. Park : Distribution of docosahexaenoic acid in DHA-enriched *Euglena gracilis*. *Fish. Sci.*, 68, Supp. I, 1002-1003 (2002).

53) N. Hirazawa, T. Ohtaka, and K. Hata : Challenge trials on the anthelmintic effect of drugs and natural agents against the monogenean *Heterobothrium okamotoi* in the tiger puffer *Takifugu rubripe*. *Aquaculture*, 188, 1-13 (2000).

54) N. Hirazawa, S. Ohshima, T. Mitsuboshi, and K. Hata : The anthelmintic effect of medium-chain fatty acids against the monogenean *Heterobothrium okamotoi* in the tiger puffer *Takifugu rubripes* : evaluation of doses of caprylic acid at different water temperatures. *Aquaculture*, 195, 211-223 (2001).

II　低分子化合物

4．カロテノイド

幹　　渉[*]

　天然界において最も大量に有機化合物を生産する生物群の一つとして，海洋に棲息する植物プランクトンをあげることができる．その生産量は 1 年間に約400 億トンにも達するといわれているが，そのおよそ 0.1％，すなわち約4,000 万トンがカロテノイドである．カロテノイドは赤～黄色，ときにタンパクと複合体を形成して青～紫色を呈する色素群で，マダイ，ブリ，シマアジなど魚類の体表に見られる赤～黄色，エビ・カニ類甲殻の赤～紫色，ウニやスケトウダラ・トビウオ・サケ・マス類などの卵に見られる赤～黄色や青～紫色，サケ・マス類の筋肉の赤色など，海洋生物に幅広く分布する．一方，これらの海洋動物はカロテノイドを生合成することができない．したがって前述した植物プランクトンや微生物によって生合成されたカロテノイドを，直接，あるいは食物連鎖を介して間接的に取り込み，自らに適合した形に代謝後，都合のよい器官に蓄積する．これらの性質を利用し，魚介類の増養殖に際しては，カロテノイドを餌料に添加し，主として体表に蓄積させることによって天然魚介類に類似した色調に変えることができ，『色揚げ』と称して産業上に応用されてきた．餌料として体内に取り込まれたカロテノイドの魚介類における代謝研究は，1980 年代に京都薬大の松野らのグループや筆者らが精力的に行ってきた．しかし，魚介類が単に『着色』のためのみにカロテノイドを蓄積するとは考えられず，これらの色素群が何らかの生理作用を有するであろうことは容易に推定できる．

　有機化合物としてのカロテノイドをみてみると，化学構造的には主として炭素数 40 からなる一種のテルペノイドであり，長鎖の共役二重結合を有すると

---

[*] サントリー株式会社

が特徴的である．これらは，分子内酸素の有無によってカロテンとキサントフィルの 2 種類に分類することができる．カロテンは炭素と水素のみよりなる炭化水素で，代表的なものとして β-カロテンをあげることができる．これらの多くは分子内にレチニリデン残基を有し，中央ポリエン部の酵素的解裂によってレチノイド（ビタミン A 群）に代謝される．すなわちビタミン A の前駆物質（プロビタミン A）として栄養学的にも重要である．一方，キサントフィル類はカロテン類に水酸基，カルボニル基など酸素を含む官能基が修飾したものの総称で，魚介類などの動物ではむしろキサントフィル類の方が普遍的に存在する．代表的なものとして，高等植物・藻類の光合成色素として重要なルテインやフコキサンチン，魚介類の体表などに広く主成分として分布するアスタキサンチン，ツナキサンチン，ゼアキサンチンなどをあげることができる．（魚介類における代表的なカロテノイドを図 4･1 に示す．）キサントフィルについても，筆者らは 1980～90 年代にかけてその生理機能に関する研究を行い，中には極めて強い『抗酸化』活性を示すものが存在することを認め，さらにこれらが動物体内で重要な役割を果たしていることを示唆した．そこでここでは筆者らがこれまで得てきた基礎的知見を踏まえ，カロテノイドの栄養学上における重要性に関して考察するとともに，魚介類の増養殖における有効な活用法について述べていきたい．

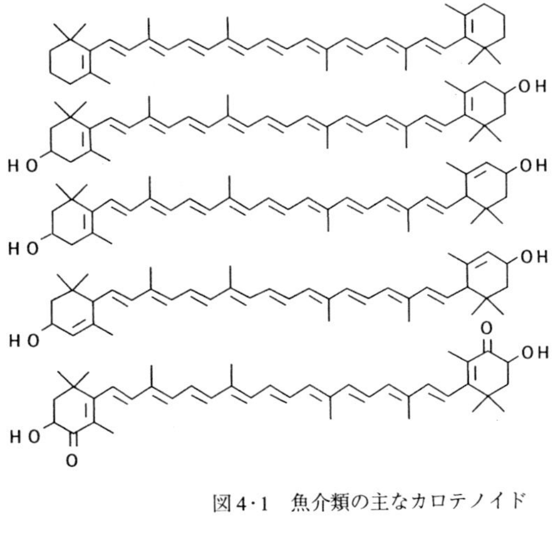

β-カロチン
ゼアキサンチン
ルテイン
ツナキサンチン
アスタキサンチン

図 4･1 魚介類の主なカロテノイド

§1. 体色・肉色改善効果

古くから行われているカロテノイドのもっとも普遍的な活用方法に，養殖魚介類の体色・肉色改善，いわゆる『色揚げ』がある．すなわち，魚介類におけるカロテノイドの代謝をうまく活用したものであり，マダイ，クルマエビやギンザケなどにアスタキサンチンを投与するものが最も一般的に行われている．松野らおよび筆者らは，魚介類におけるカロテノイド代謝のメインパスウエイと考えられてきた酸化系経路に加え，各種の還元系代謝経路が幅広く存在することを証明した．また筆者らは，それまでのカロテノイド代謝の常識を覆す，シクロヘキセン環における二重結合の位置変換が起こることを突き止めた．つまり，ブリなどのスズキ目魚類の場合，餌料として投与したアスタキサンチンがまず還元系の代謝を受けて β - カロテンタイプのトリオールを経てゼアキサンチンになり，さらに二重結合の変換によってルテインを経てツナキサンチンにまで代謝され，体表に蓄積されることを明らかにした（図4・2）．本知見により，体表のカロテノイド主成分がツナキサンチンであるブリなどの魚種でも，アスタキサンチンが『色揚げ』に利用できることになったわけである．また体表のみでなく，アスタキサンチン投与によってサケ類の肉色が著しく改善され

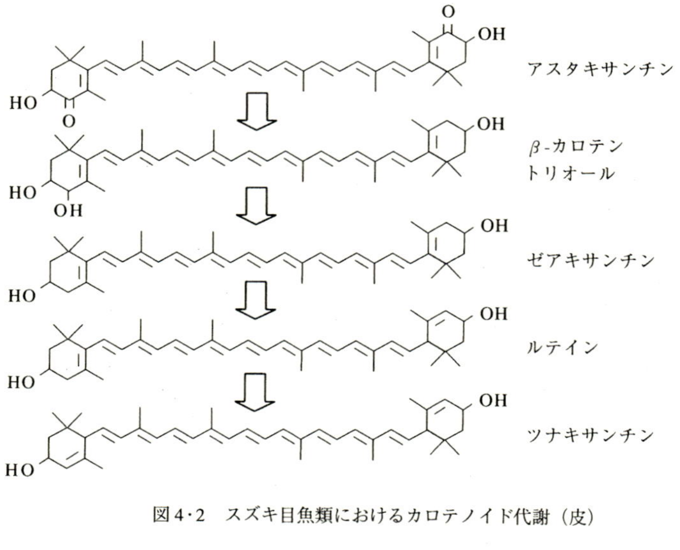

図4・2　スズキ目魚類におけるカロテノイド代謝（皮）

ることもあわせて明らかになった．これらに関しては，すでに成書[1]や総説[2]に述べており，ここでは詳しくは述べないが，参照していただければ幸いである．このような基礎的知見に基づき，現在ではアスタキサンチンをはじめとするカロテノイドは，産業上，幅広く活用されている．

§2. 脂質過酸化抑制効果

筆者は，1980～90年にかけて魚介類におけるカロテノイドの比較生化学研究・代謝研究を行っている過程で，これらの色素群が生体中で何らかの生理機能を発現している可能性について仮説を立て，その検証を行うことにした．そのきっかけになったのが魚介卵におけるカロテノイドの分布と動態について検討を加えた時である．すなわち，魚類，貝類および甲殻類，計17種の卵巣に含まれるカロテノイドを検討した結果，① 大部分のカロテノイドがエステル型ではなく遊離型で存在したこと，② 過半数の種でアスタキサンチンがカロテノイド主成分として存在したこと，などが明らかになった[3]．この結果は，カロテノイド組成が部位によって大きく異なっているのみではなく，存在形態も異なることを意味している．そこで，スケトウダラにフォーカスをあて，卵巣の成熟過程におけるカロテノイドの動態について検討を加えた．その結果，未成熟な段階（卵巣重量10～100g程度）では卵巣1個体当たりのカロテノイド含量は，ほぼ一定であり，アスタキサンチンが主成分ではあったが，遊離型に加えてエステル体も相当量存在していた．ところが，卵成熟が進むと（卵巣重量約140g以上）カロテノイド含量は激減してエステル体は消失し，すべて遊離型で存在した[4]．この結果は，魚類の産卵時におけるカロテノイドの何らかの生理機能を示唆するものであり，また，その機能が遊離型で発現するものと推定された．

これらの推定を実証するため，カロテノイドをマダイ親魚に投与し，その卵質に対する影響を検討した（渡辺との共同研究[5]）．すなわち，対照区の飼料（α-トコフェロールを50mg含む）にそれぞれα-トコフェロール150mg，アスタキサンチン2mgおよびβ-カロテン2mgを含む試験区を設定して親魚に投与し，得られた卵を採取してその卵質を検定した．その結果，前二者で明らかに卵質の向上が認められたが，β-カロテン投与区ではまったく改善効果

はなかった（表 4・1）．特に，α-トコフェロールおよびアスタキサンチン投与区では，油球数・位置異常率や奇形率で顕著な改善効果が認められたこと，α-トコフェロールが既知の効果的な脂質過酸化抑制物質であること，さらにアスタキサンチンの活性がα-トコフェロールの 1/ 75（重量比）の投与量で同等に認められたことより，カロテノイド間でもその活性に違いがあり，アスタキサンチンに強い脂質過酸化抑制活性があることが期待された．

表4・1　マダイ飼育試験によるカロテノイドの卵質改善効果（%）

試験区	対照区	α-トコフェロール区(150 mg)	アスタキサンチン区(2 mg)	β-カロテン区(2 mg)
浮上卵率	82	96	94	89
孵化率	65	87	87	64
奇形／油球異常率	32	15	17	38
正常仔魚率	36	75	74	46

　そこで筆者らは，マダイでの生物試験で推定された脂質過酸化抑制活性の発現機構を検討するため，以下に示す 2 通りの方法で脂質過酸化を実験室レベルで誘引し，これらの系におけるカロテノイドの活性を，α-トコフェロールを対照として比較検討した．まず，一重項酸素（$^1O_2$）によって引き起こされる脂質過酸化モデルを構築した．すなわち，光増感剤であるメチレンブルーを $^1O_2$ の発生源とし，リノール酸のエタノール溶液に各種カロテノイドを添加後，白色光を照射して $^1O_2$ 依存性の脂質過酸化を引き起こした．本系における各種カロテノイドの脂質過酸化抑制活性を，カロテノイド無添加対照区におけるTBA 値と比較した際の値の減少率で調べたところ，検討したすべてのカロテノイドがα-トコフェロールより強い活性を示し，特にアスタキサンチンの活性が顕著で，α-トコフェロールの約 100 倍に及んだ．そこで，カロテノイドの化学構造と $^1O_2$ 依存型の脂質過酸化抑制活性との相関を検討したところ，分子内の水酸基やカルボニル基の存在あるいは，共役二重結合の長さが活性に寄与することが明らかになった[6]．

　次いで，鉄‐プロトポルフィリンとリノール酸を用いるフリーラジカル連鎖反応系のモデルを作成し，各種カロテノイドの脂質過酸化抑制活性を，上記試験同様に，カロテノイド無添加対照区における TBA 値と比較した際の値の減少率で調べた．その結果，まず発生したラジカル種は有機フリーラジカルであ

り，酸素存在化では速やかにペルオキシラジカルに変換されると推定された．本系においてもアスタキサンチンは最も強い活性を示し，その活性強度はα-トコフェロールの活性と比較して100倍以上であった．また，カロテノイド間での構造と活性の相関について検討した結果，カルボニル基や水酸基の活性に対する寄与も併せて明らかになった[7]．一方，TEMPOLラジカルのESRスペクトルに対して，アスタキサンチンの添加はまったく影響を与えず，アスタキサンチンは，TEMPOLラジカルを直接捕捉する能力は有さないと考えられた（田中・幹，未発表）．すなわち，カロテノイドはTEMPOLラジカルのような安定なラジカルを捕捉することはできないが，これらフリーラジカルに起因するラジカル連鎖反応の結果引き起こされる脂質過酸化を効率よく阻害すると考えられた．

§3. アスタキサンチン

§2で述べたカロテノイドの脂質過酸化抑制活性メカニズムを詳細に検討し，これらの産業上の活用に際してより幅広い水平展開を図るため，最も顕著な活性を示したアスタキサンチンを用いて，重要な活性酸素種に対する消去・捕捉活性を検討した．活性酸素は図4·3に示す経路で脂質過酸化を引き起こすと考えられる．すなわち，分子状酸素（O_2）は一電子還元および不均化反応によってスーパーオキシドアニオンラジカル（・$^1O_2^-$），過酸化水素（H_2O_2）を経てヒドロキシラジカル（・OH）を生じる．通常，この反応はある種の酸化酵素やポリフェノール，スーパーオキシドディスムターゼ（SOD），金属などによって触媒される．・OHは極めて寿命が短く，強い酸化力を有し，たとえば脂質（ここではLHで表す）を酸化する．LHは酸化されて水素を引き抜かれ，ラジカル化して有機フリーラジカル（L・）となるが，酸素存在下で容易に酸化されてペルオキシラジカル（LOO・）となる．LOO・はまわりに大過剰のLHが存在するため，過酸化脂質

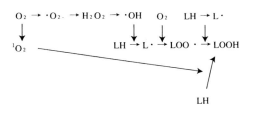

図4·3 活性酸素による脂質過酸化のメカニズム

（LOOH）を生じる．その際，L・を生じるので，酸素存在下で一分子の・OH が発生すると大量の LOOH を生じることになる．これをラジカル連鎖反応と称する．一方，O_2 は光増感剤などの存在下で一部の電子スピンの方向が逆転することによってエネルギーレベルの高い $^1O_2$ を生じる．$^1O_2$ も・OH 同様，極めて寿命が短くかつ反応性が高い活性酸素種であり，LH を直接アタックして LOOH を生じる．このように，脂質過酸化を引き起こす可能性のある活性酸素種は複数存在するため，カロテノイドが活性を示す可能性が高い分子種について，実験室内でモデル系を構築し，順次検討を加えることにした．

3・1　一重項酸素（$^1O_2$）

カロテノイドの消去活性を直接的に測定すべく，筆者ら[8)] は以下の方法を開発した．すなわち，まず $^1O_2$ の発生源として熱依存性のジメチルナフタレンエンドペルオキシドを低温で有機合成した．この過酸化物は常温では選択的に $^1O_2$ を発生するため，室温では $^1O_2$ の化学発光が選択的に得られる．したがって化学発光検出器を用いてフォトンを直接カウントすれば，光増感剤を用いる方法とは異なって光照射を行わないで測定が可能であり，光による副反応を抑えられ，脂質の自動酸化や光酸化反応および他の活性酸素種の関与を防ぐことができ，純粋に $^1O_2$ 由来の化学発光を定量的に測定できる．そこで，本系における各種カロテノイドの活性（$^1O_2$ 消去活性）を，化学発光の減衰を定量することによって算出した．算出に用いた式は以下のとおりである．

$$S_0 / S = 1 + (kq + kr) \, kd^{-1} \, [Q] \tag{1}$$

ここで，S_0 は化学発光検出器でカウントされた試料無添加時における化学発光フォトンの総量，S は試料添加時の化学発光フォトンの総量である．総消去活性定数（$kq + kr$）は Stern-Volmer プロットに基づいて上記の式より解析される．ここで kq は物理的な消去活性定数，kr は化学反応による消去活性定数，kd は本系における各種溶媒中での $^1O_2$ の寿命に基づく定数，そして $[Q]$ はカロテノイドの濃度である．ここでカロテノイドの $^1O_2$ 消去活性は，物理的な消去活性が化学反応によるそれと比較してはるかに強いので $kq \gg kr$ が成り立ち，kr は無視できるので，（1）式は（2）のように簡略化できる．

$$S_0 / S = 1 + kqkd^{-1} \, [Q] = 1 + \kappa \, [Q] \tag{2}$$

すなわち

$$S / S_0 = 1 / (1 + \kappa [Q])\qquad\qquad (3)$$

（3）式で，パラメーターκはS / S_0の値より最小二乗法で求められるので，式（2）に戻ってkqを求めることができる．本方法を用いて各種カロテノイドの消去活性を検討した．結果を表4・2に示す[8]．非極性溶媒（$CDCl_3$）中ではアスタキサンチン，ゼアキサンチンおよびβ-カロテンの間ではほとんど活性に差異はなく，いずれもα-トコフェロールの数百倍にも及ぶ強い消去活性を示した．カロテノイド間の比較では，水酸基あるいはカルボニル基の活性に対する寄与よりもむしろゼアキサンチン（11個），

表4・2　各種カロテノイドの一重項酸素消去活性（kq）

カロテノイド	$10^9 kq$ （$M^{-1}s^{-1}$）	
	$CDCl_3$	$CDCl_3/CD_3OH$ (2 : 1)
アスタキサンチン	2.2	1.8
ゼアキサンチン	1.9	0.12
ルテイン	0.80	—
ツナキサンチン	0.15	—
β-カロテン	2.2	0.049
カンタキサンチン	—	1.2
α-トコフェロール	0.004	—

ルテイン（10個）およびツナキサンチン（9個）の間で認められるように，共役二重結合の数に活性が比例するようであり，こちらのほうが$^1O_2$消去活性に大きく寄与する結果であった．すなわち，非極性溶媒中では，カロテノイドと$^1O_2$との物理的接触の頻度はカロテノイド種によってあまり大きな差異はなく，むしろエネルギーの転換効率の方が重要であるらしい．カロテノイドによる$^1O_2$消去のメカニズムは，中央ポリエン鎖の振動による物理エネルギーから熱エネルギーへの変換によると推定されており，あるいは振動に二重結合の長さが寄与しているのかもしれない．一方，高極性の溶媒（$CDCl_3$ / CD_3OD）中ではアスタキサンチンの活性がきわだっており，β-カロテンの約40倍であった．また，カンタキサンチンの活性も顕著であり，水酸基よりもカルボニル基の寄与が顕著であった．この結果も共役二重結合の数（カルボニル基の二重結合をカウントした場合）の重要性を支持するものであるが，極性溶媒では$^1O_2$とカロテノイドとの単なる接触頻度によるものだけではなく，中央ポリエン鎖の振動自体に差異がある可能性も否定できない．

ここで推定される活性発現機構を式にして示すと，

$$^1Car\ (S_0)\quad +\ {}^1O_2 \rightarrow\ {}^3Car\ (T_1)\ +\ {}^3O_2$$

$$^3Car（T_1）\quad \rightarrow \quad {}^1Car（S_0）＋熱エネルギー$$

となり，まさしく β-カロテンなどのカロテノイドが植物の光合成の場において光保護作用を発現するのと同じ式である．すなわち，魚介類をはじめとする動物は，植物における光酸化反応を抑制する機構に類似したメカニズムでカロテノイドの ${}^1O_2$ 消去活性を活用し，脂質過酸化反応の初発過程を抑制している可能性が考えられる．

3・2　活性酸素ラジカル

主な活性酸素ラジカル種として $\cdot O_2^-$ と $\cdot OH$ をあげることができる（図 4・3 参照）．これらラジカル種に関する研究は，大部分が水系での反応によるものであり，特に $\cdot OH$ は非水状態では存在しないのでモデル系の作成が困難である．$\cdot O_2^-$ の発生に関しては，広く定法として用いられているキサンチン - キサンチンオキシダーゼ系が，水系しか使用できず，カロテノイドの活性測定には使用できない．そこで，山形大の Liu $et\ al.$ [9] が開発した方法を用いた．すなわち，酸素を無水 DMSO 中で電気分解することにより，$\cdot O_2^-$ を純粋にかつ定量的に発生させることが可能である．非水系では $\cdot O_2^-$ の寿命が比較的長いので，DMPO（5,5 - ジメチル - 1 - ピロリン - N - オキシド）アダクトを ESR 測定することによって，定量的な測定が可能である．本モデル系を用いて代表的なカロテノイドの $\cdot O_2^-$ 捕捉活性を調べたところ，アスタキサンチンおよびビキシンは弱い活性を示したが，ゼアキサンチンおよび β - カロテンはまったく活性を示さなかった．したがって，C＝O 結合の重要性が示唆されたが，一方で非水系におけるカロテノイドの $\cdot O_2^-$ 捕捉に関するメカニズムがまったく不明であり，また，活性自身もポリフェノール類等が水系で示す活性と比較してはるかに弱く，カロテノイドが，本活性に基づいて生体内で何らかの作用を発現する可能性は極めて低いと考えられた．なお，α - トコフェロールも弱い活性を示した [10]．

なお，$\cdot OH$ に関しては筆者らも様々な方法を試みたが，非水系ではフェントン反応が使用できず，現在のところ光反応系を用いるしかない．ところが，光照射法を用いると，カロテノイド自身がダメージを受け，かつ $\cdot OH$ の極めて短い寿命と反応速度をフォローする適当なスピントラップ剤がないため，現在のところ定量不能である．本ラジカル種は，生体内で重要な作用を発現する

と考えられており，非水系における定量法を確立することは，今後の大きな研究テーマである.

3・3　ペルオキシラジカル（LOO・）

従来，直接的に LOO・を，ESR 測定を行って定量する方法として，メトヘモグロビンを発生源とする方法が定法として用いられているが，カロテノイドの活性測定には使用不可能である．そこで筆者[10]は非水系における LOO・発生法を開発し，カロテノイドの当該ラジカル捕捉活性を調べた．すなわち，無水 DMSO あるいはジクロロエタン中でクメンヒドロペルオキシド（CHP）と 5,10,15,20 - テトラフェニル-21H, 23H-ポルフィン（Ⅲ）〔TPP・Fe（Ⅲ）〕との反応，あるいは 2, 2' - アゾビス - イソブチロニトリル（AIBN）の熱分解反応によって LOO・が定量的に発生することを突き止め，DMPO および PBN（N - トリブチル - α - フェニルニトロン）をスピントラップ剤として用いることで ESR 測定が可能となった．そこでこれらの方法を用いて発生させた LOO・に対するカロテノイドの捕捉活性を検討したところ，CHP ＋ TPP・Fe（Ⅲ）系においては，ジクロロエタンを溶媒として用いると，アスタキサンチンが最も強い活性を示した．一方，AIBN 熱分解系においては，ジクロロエタン中（スピントラップ剤として DMPO を使用）では β - カロテン，アスタキサンチンおよびリコペンがほぼ同等の活性を示したが，DMPO 中PBN を用いた場合は α - トコフェロールの活性がもっとも顕著であった．このように非水系でのLOO・捕捉活性は条件によってかなり結果が異なるものの，カロテノイドの活性は際立ったものではなく，α - トコフェロールの活性が最も安定していると考えられた（並川・幹，未発表）.

以上述べてきたように，アスタキサンチンの活性酸素消去活性は，対象となる活性酸素の分子種によってそれぞれ大幅に異なっているが，脂質過酸化抑制活性発現のキーとなる活性は，$^1O_2$ 消去活性と過酸化脂質生成阻害活性であり，これらの活性に基づいて当該活性が発現するものと考えられたが，いずれにせよ，α - トコフェロールとの相加・相乗効果が期待できるようである.

3・4　魚介類への応用

筆者らは各種動物試験を実施し，前項で述べたアスタキサンチンの脂質過酸化抑制活性の生体への応用について検討を加えてきた．まず，内海らとの共同

研究[6,11]で，初めてアスタキサンチンの哺乳類での脂質過酸化防止を *in vitro* のみならず，*in vivo* でも認め，その活性が α-トコフェロールの 500 倍を超える強い活性であることを明らかにしたのをはじめ，経口投与したアスタキサンチンが血液脳関門を通過し，脳でも活性を示すことや ^{60}Co 照射による体内脂質の過酸化を抑えること[12]，虚血性心疾患の原因となる血中 LDL 酸化を抑制すること[13] などを順次明らかにしてきた．そこで，これらの知見の魚介類への応用展開を図るため，サケの筋肉および卵巣を用いた試験を実施した．まず，三陸産サケの筋肉脂質を分離し，カロテノイド画分をカラムで除去したものを 1%アセトニトリル水溶液として調製し，2 価鉄を加えて 100°Cで加熱することにより，過酸化反応を促進させた．この時の TBA 値をコントロールとし，アスタキサンチンおよび対照として α-トコフェロールおよびカテキンをコントロールに添加した時の TBA 値の上昇抑制率を各値で測定し，比較した．その結果，アスタキサンチンは α-トコフェロールの 100 倍以上の強い活性を示した（新井・幹，未発表）（図 4・4）．同様の傾向は，卵巣の場合でも認められた．すなわち，魚介類でもアスタキサンチンを経口投与した際に，**移行・蓄積**する器官では脂質過酸化抑制活性の発現が期待され，サケの場合では卵質や肉質の改善効果が期待できると考えられる．

カロテノイドを色揚げ剤として長期間利用してきた我々にとって，微量栄養素としての活性が期待できるということは，これらがさらに広範囲で活用しう

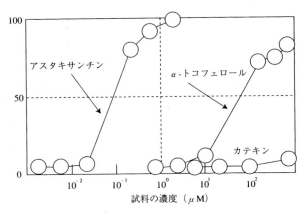

図 4・4　サケ筋肉の脂質過酸化に対するアスタキサンチンの抑制効果

ることを示している．今後，さらなる応用研究を行うことにより，具体的な活用技術が開発されることを切に願う．

最後に，サケに関する研究は故新井茂博士との，協働研究であり，本研究の遂行にあたっては大変お世話になった．ここに改めて哀悼の意を表したい．

文　献

1 ）松野隆男・勝山政明・津島己幸・安藤清一・森　徹・伊藤良仁・幹　渉・三室守・加藤哲也・清水延寿・西野輔翼：海洋生物のカロテノイド　－代謝と生物活性（幹　渉編），恒星社厚生閣，1993，pp117.

2 ）松野隆男・幹　渉：動物におけるカロテノイドの生理機能と生物活性. 化学と生物. 28, 219-227（1990）.

3 ）W. Miki, K. Yamaguchi, and S. Konosu： Comparison of carotenoids in the ovaries of marine fish and shellfish. *Comp. Biochem. Physiol.*, 71B, 7-11（1982）.

4 ）W. Miki, K. Yamaguchi, and S. Konosu： Carotenoid composition of Alaska pollack roe at different stage of maturation. *Nippon Suisan Gakkaishi*, 49, 1615（1983）.

5 ）T. Watanabe, and W. Miki ： Astaxanthin；an effective dietary compound for red sea bream bloodstock. *Colloq. INRA*, 61, 27-36（1993）.

6 ）W. Miki： Biological functions and activities of animal carotenoids. *Pure Appl. Chem.*, 63, 141-146（1991）.

7 ）W. Miki, N. Otaki, N. Shimidzu, and A. Yokoyama：Carotenoids as free radical scavengers in marine animals. *J. Mar. Biotechnol.*, 2, 35-37（1994）.

8 ）N. Shimidzu, M. Goto, and W. Miki： Carotenoids as singlet oxygen quenchers in marine organisms. *Fish. Sci.*, 62, 134-137（1996）.

9 ）W. Liu, T. Ogata, S. Sato, K. Unoura, and J. Onodera： Superoxide scavenging activity of sixty Chinese medicines determined by ESR spin-trapping method using electrogenerated superoxide. *J. Pharm. Soc. Jpn.*, 121, 265-270（2001）.

10）W. Miki： Carotenoids as antioxidants. *Carotenoid Sci.*, 4, 37-38（2001）.

11）倉繁　迪・岡添陽子・沖増英治・安東由喜雄・森　將晏・幹　渉・井上正康・内海耕慥：フリーラジカルによる生体膜障害とアスタキサンチンによるその防止. *Cytoprotect. Biol.*, 7, 383-391（1989）.

12）I. Nishigaki, A. A. Dmitrovskii, W. Miki, and K. Yagi： Suppressive effect of astaxanthin on lipid peroxidation induced in rats. *J. Clin. Biochem. Nutr.*, 16, 161-166（1994）.

13）T. Iwamoto, K. Hosoda, R. Hirano, H. Kurata, A. Matsumoto, W. Miki, M. Kamiyama, H. Itakura, S. Yamamoto, and K. Kondo： Inhibition of low-density lipoprotein oxidation by astaxanthin. *J. Atherosclerosis Thrombosis.* 7, 216-222（2001）.

5. ペプチド・アミノ酸

竹 内 俊 郎[*]

　自然界に見出されるアミノ酸は 200 種類以上存在するが，タンパク質合成に関与するアミノ酸は 20 種類で，その中に，魚介類の体内で合成できない 10 種類のアミノ酸が含まれる．これを必須アミノ酸（Essential amino acid ; EAA）と呼ぶが，この EAA の中には体内でホルモンや神経伝達物質に誘導されるものが多い．本章では，アミノ酸とアミノ酸が複数結合したペプチドおよびその誘導体の効果について，最近の知見を述べる．

§1. 種類とその役割

1・1　アミノ酸とその誘導体

　アミノ酸由来の主な生理活性物質を表 5・1 に示す[1]．ヒスチジンは胃酸の分泌を促す第 1 級アミンのヒスタミンを生成するとともに，筋胃ビランの主原因物質のジゼロシンとなる．トリプトファンからは神経伝達物質のセロトニン（第 1 級アミン）および生殖機能を光周期に同調させるメラトニン（第 2 級アミン）が生成されるとともに，酸化されて水溶性ビタミン B 群の一つであるニコチンアミド，さらには NAD となる．リジンは脱炭酸によりカダベリン（第

表5・1　アミノ酸由来の主な生理活性物質

前駆アミノ酸	生成反応	生理活性物質
メチオニン・システイン	酸化	タウリン
トリプトファン	水酸化と脱炭酸	セロトニンおよびメラトニン
	酸化	ニコチンアミドおよびNAD
ヒスチジン	脱炭酸	ヒスタミン
リジン	脱炭酸	カダベリン
	メチル化	カルニチン
チロシン	ヨウ素化と重合	サイロキシン（チロキシン）
セリン	メチル化	コリン

---

[*]　東京水産大学

1級アミン）やメチル化反応により，ビタミン B_T とも呼ばれるカルニチン（第4級アミン）の構成成分となる．セリンは水溶性ビタミンのコリン（第4級アミン）となり，メチオニンやシスチンは酸化反応によりタウリンを合成する．さらに，チロシンはヨウ素化と重合により甲状腺ホルモンとしてよく知られるサイロキシン（T_4）となるばかりでなく，酸化により黒色色素として知られるメラニンとなる．このように，アミノ酸は体タンパク構成成分やエネルギー源としてのみならず，生体内における重要な活性物質に変換される．

1・2 ペプチド

ジペプチド，トリペプチドや数十のアミノ酸がペプチド結合によりできるポリペプチドは生理活性をもつものが多く，クレアチニン（アミノ酸残基数，2），グルタチオン（同，3：後述），プラスマキニン（同，9，10）アンギオテンシン（同，7〜10）などがある．ペプチドホルモンとしてよく知られているものにインスリンがある．

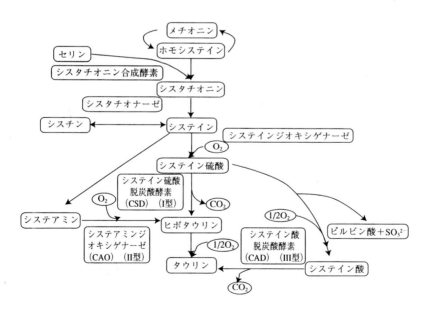

図5・1　含硫アミノ酸の生合成経路

§2. 魚類におけるタウリンの効果

含硫アミノ酸の1つであるメチオニンはシステインに酸化された後タウリンを生成する（図5・1）．しかし，ネコやサルさらに乳幼児などでは，システイン硫酸をタウリンの前駆物質であるヒポタウリンに酸化するシステイン硫酸脱炭酸酵素（CSD）活性が微弱なことから，タウリンが生成されにくく，タウリンは必須栄養素である．魚類においてもヒラメやマダイ仔稚魚において必須であることがわかってきた．さらに，魚粉削減飼料で飼育したブリやマダイ成魚は緑肝症を呈するとともに，ブリ親魚では産卵しなくなるが，タウリンを添加することにより症状の改善と産卵が可能になることも明らかになった．一方，ニジマスやティラピアではメチオニンからの生成が活発であり，タウリンへの転換の有無を含めたタウリンの魚類に対する有効性は，魚種や成長段階により異なり複雑である．ここでは，魚類におけるタウリンの生合成機構の特徴と，仔稚魚，成魚および親魚におけるタウリンの効果についてまとめた．

2・1 仔稚魚

人工種苗生産されたブリやヒラメの卵発生および孵化後のタウリン含量を調べると，卵発生過程では他のアミノ酸と異なり減少しないが，孵化後著しく低下する[2]．その後，アルテミア給餌期に多少増加するが，配合飼料給餌により再び減少することが明らかになった[3,4]．この孵化後におけるタウリン含量の減少は，仔稚魚の成長や活力向上に必須とされるドコサヘキサエン酸の挙動と類似している[5]．しかもその魚体中の含量は天然魚に比較して著しく低い（図5・2）[2,4]．一方，ブリ筋肉中に豊富に含まれるヒスチジン含量には両者の間に差がない．これらタウリン含量の違いは，種苗生産の際に用いる生物餌・飼料中のタウリン含量に由来する．すなわち，ワムシ中のタウリン含量は乾燥重量100 g当たり80〜180 mg，アルテミアは600〜700 mg，配合飼料は200〜400 mg，に対して，天然のプランクトンは1,200 mg，アミは2,900 mgと桁違いに多い（表5・2）[2,3]．そのため，人工種苗生産魚に比較して，動物プランクトンなどを主食としている天然魚でタウリン含量が高くなると推察される．このような差は種苗生産魚の成長や健全性に影響を与えるのだろうか？

種苗生産過程で与えるワムシ中のタウリン含量が著しく低いことは前述した．最近ワムシに対するタウリン強化餌料が開発され，ワムシ培養槽中に800

mg / l のタウリンを添加することにより，ワムシ中に最大 1,250 mg / 100 g（乾燥重量当たり）のタウリンを強化することに成功した[6]．これらのワムシを，ヒラメやマダイの孵化仔魚に給餌したところ，成長・生残率さらに無給餌生残率の改善が認められ，魚体中にもタウリンの蓄積が観察された[7]．このように，

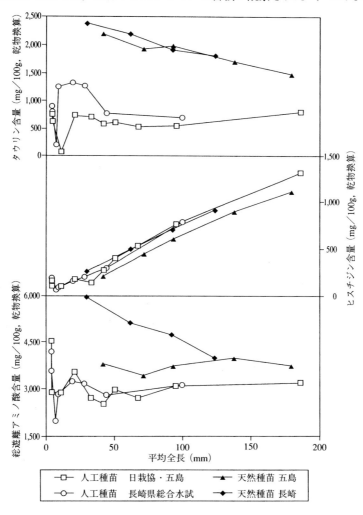

図 5・2　ブリ仔稚魚における魚体中遊離アミノ酸含量の比較

表5・2 生物餌料および配合飼料のタウリン含量
（mg / 100g, 乾物換算）

ワムシ	80〜180
タウリン強化ワムシ	300〜1,250
アルテミア	600〜700
天然コペポーダ	1,200
冷凍コペポーダ	460
アミ	2,900
市販の微粒子飼料	440
低魚粉飼料（5％魚粉＋5％オキアミ）	200
試験用魚粉飼料（50％魚粉）	520
クランブル飼料	380
市販飼料（直径2.2mm）	450
市販飼料（直径4.3mm）	460
市販飼料（直径16mm）	440

ワムシは簡単に低分子のタウリンを体内に蓄積することがわかったが，ホタテガイ等の二枚貝類も同様の傾向を示す（後述）．また，われわれはヒラメ稚魚にアミを与えた場合と，配合飼料を与えた場合とで，成長や飼料効率に大きな差があることを明らかにし[8]，その原因を調べたところ，アミ中に多量に含まれるタウリンに大きな効果があることを見出した[3, 9]．すなわち，ヒラメやマダイ稚魚では，配合飼料に含まれるタウリン含量300〜400 mg / 100 g 前後では十分でなく，1,500〜2,000 mg / 100 g のタウリンが必要で[10]，それらを含有する飼料で飼育することにより，成長，飼料効率の改善はもとより，マダイでは体色の改善[11]が見られる．さらに，水洗してタウリンを極力除去した魚粉を用いて作成した飼料でヒラメおよびコイ稚魚を飼育したところ，ヒラメでは成長や飼料効率の低下とともに[12]，摂餌行動が緩慢になる症状が観察された．一方，コイではなんら成長等に対して影響は見られなかった（竹内ら，未発表）．ではなぜ，タウリンを必要とする魚種としない魚種が存在するのだろうか？

2・2　タウリンの生合成機構

タウリンはこれまでメチオニンやシスチン（あるいはシステイン）から生成するといわれ，事実ニジマスではその生成経路が明らかにされている．しかし，表5・3 に見られるように，システインからヒポタウリンを生成するシステイン硫酸脱炭酸酵素（CSD）の活性が，魚種により大きく異なり，ニジマスのように高活性を示すものから，ブリやクロマグロのようにほとんど活性がないものまで存在することが明らかとなった[13]．また，タウリン生成の他経路にあたるシステアミンジオキシゲナーゼ活性も魚種により大きく異なっている[14]．すなわち，数種魚類ではネコなどと同様にタウリンが合成されにくいことが推察された．事実，シスチンの添加量を変えた飼料でヒラメを飼育しても体内のタウ

5. ペプチド・アミノ酸　59

表5・3　数種魚類および哺乳動物の肝臓システイン硫酸脱炭酸酵素 (CSD) 活性[*1]と
システアミンジオキシゲナーゼ活性[*2]

魚種	CSD 活性		システアミンジオキシゲナーゼ活性	
	体重(g)	n mol ヒポタウリン/ min / mg タンパク質 (25℃)	体重 (g)	n mol /min/ mg タンパク質 (35℃)
淡水魚				
ティラピア	86	0.56	NA[*3]	NA
ブルーギル	NA	NA	25〜40 (30〜70) [*4]	3.06 (0.66) [*4]
ニジマス	41	0.55	141〜167 (121〜167)	0.09 (0.14)
	307	0.67		
コ　イ	372	0.01	72〜162 (102〜164)	0.86 (0.44)
ア　ユ	NA	NA	68〜90 (73〜91)	1.85 (1.88)
海水魚				
メジナ	194	2.55	NA	NA
ヒラメ	0.8〜126	0.26〜0.39	300〜1,000 (600〜3,000)	0.78 (0.89)
マダイ	1071	0.25	200〜1,000 (1,000〜1,500)	2.04 (2.61)
ブリ	99, 3900	tr〜0.01	NA (800〜900)	NA (0.13)
クロマグロ	138	tr	NA	NA
哺乳類				
マウス	28	4.25	NA (37〜43)	NA (1.74)
ラット	NA	1.80	NA	NA

[*1] Yokoyama *et.al.*[13]　[*2] Goto *et.al.*[14]　[*3] NA: 未測定.　[*4] 後藤ら [21]

リン含量はまったく増加せず，さらに低タウリン含有飼料で飼育するとメチオニンからシステインにいたる中間代謝物であるシスタチオニンが著しく増加する [15, 16]．さらに，ブリでは低タウリン飼料を与えると，シスタチオニンは低含量で変化はないが，セリンが増加することから，メチオニンからシステインに至るまでの2箇所の中間代謝過程で酵素活性が微弱か欠損している可能性が示唆された [16, 17]．

　一方，淡水魚のニジマス，ティラピアなどは CSD 活性が高く，例えば，タウリンを含有しないスピルリナでティラピアを30週間飼育しても筋肉中にタウリンが存在し，メチオニンから生成されていると思われる [18]．事実，スピルリナのみで F3 まで継代飼育を繰り返しても正常な成熟が見られるとともに，健全な稚魚が得られている [19]．なお，コイの CSD 活性は非常に低いが，前述したとおり，タウリン低含有魚粉飼料で飼育しても成長の低下が見られないことから，タウリンを生成する他の経路の存在が示唆された．このような中，後藤 [20] は前述したシステイン硫酸経路（Ⅰ型）のほかに，システアミンからヒ

ポタウリンを生成する経路（システアミン経路；II型）およびシステイン酸が脱炭酸を受けて直接タウリンを生成する経路（システイン酸経路，III型）の存在から，ブルーギルはラット，マウス，イヌと同様のI型，アユはII型，マダイはII型とニワトリと同様のIII型の両者をもち，さらに，ブリやヒラメはヒトやネコと同様にタウリンを生合成できないタイプに分類している．コイはどの型にも属する酵素活性が低いことから，タウリンの生合成は肝臓以外の臓器で行われている可能性があると推察している[21]．

一方，タウリンを含む飼料で飼育したニジマスはタウリンを尿から排泄するが，ヒラメの場合には 1,900 mg / 100 g という高濃度のタウリンを含有した飼料で飼育してもタウリンの排泄が確認されない[15]．これらの現象を含め今後，タウリンの生合成経路や代謝経路についてはより詳細な検討が必要であろう．

2・3 成魚

近年，イワシ生産量の減少に伴い，魚粉の生産量も国内では激減し，海外からの輸入に依存せざるを得ない不安定な状況に陥っている．そのため，養魚飼料中の主原料である魚粉を他のタンパク原料で代替する研究が盛んに行われている．その過程で，魚粉を全く使用しない，あるいは一部使用する低・無魚粉飼料で，ブリやマダイを飼育すると肝臓が緑色に変色する，いわゆる緑肝症の発生が見られた．魚粉の代替には大豆油粕，濃縮大豆タンパク質やコーングルテンミールなどが用いられるが，これらの植物性代替タンパク源にはタウリンがほとんど含まれていない．高木[22]はブリとマダイを用いて実験を行い，濃縮大豆タンパク質主体の飼料区の魚では，成長の低下，増肉係数の増加のみならず，緑肝が高率で発症したのに対して，タウリン添加飼料区では魚粉主体区と同様に，成長の改善と緑肝症発生率が低下することを観察した．そして，低・無魚粉飼料給餌による緑肝の発症は，飼料中のタウリン不足に伴い赤血球が脆弱化することにより溶血が生じ，その結果，胆汁色素のビリバージン含量が過剰に肝臓中に増加するために発症すると推察している[23]．その他の発症原因としては，低・無魚粉飼料による摂餌不良から，胆管内に粘液胞子虫が寄生し，これにより胆管が閉塞状態となり，胆汁が鬱積する可能性も指摘されている[24]．

2・4 親魚

最近，ブリ親魚へのタウリンの効果が報告された[17, 25]．ブリ産卵 3 ヶ月前よ

りタウリン無添加魚粉飼料（40 %魚粉含有）を対照に，2 段階のタウリンを添加した飼料で飼育したところ，飼料中のタウリン含量が 700 mg / 100 g 以下では産卵しないことから，親魚用飼料へのタウリンの必要性が示唆された．なお，卵中のタウリン含量を調べたところ，いずれもほぼ同含量であったことから，ブリは選択的にタウリンを卵に移行させているものと推察された．また，孵化仔魚の無給餌生残率にも違いは見られなかった．これらのことは，タウリンが卵成熟過程の親魚に影響を与えていることを意味し，今後詳細な検討が必要であろう．

§3. ペプチドの効果

ここではジペプチドおよびトリペプチドと酵素加水分解物の，特に仔稚魚に及ぼす影響について述べる．

3·1　ジペプチド・トリペプチド

マダイ稚魚に対して数種のジペプチドおよびトリペプチドは摂餌誘引あるいは成長促進効果をもつことが明らかにされている[26]．すなわち，全長 10.1 mm のマダイ仔稚魚に各種のペプチドを微粒子飼料に含有させて 30 日間給餌したところ，Ala-Pro 区，Ala-Ser 区，Ala-Gly-Gly 区，Asp-Phe methyl ester 区，Ala-Phe 区，Ala-Pro-Gly 区では全長，体重とも無添加区に比較して優れていたが，Ala-Val 区，Pro-Ala 区，Ala-Asp 区では無添加区と差がないことを示した．

メチオニンからタウリンが生成する過程で生じる中間代謝物のシステインを骨格にグルタミン酸とグリシンが結合したトリペプチドがグルタチオンで，通常還元型で存在している．この還元型グルタチオンには活性酸素（過酸化水素やスーパーオキシドアニオン）や過酸化脂質の消去（無毒化），肝細胞や赤血球等の細胞膜の保護，薬剤の副作用防止および有害物質の毒性消去などが知られている．魚類では網生簀養殖において，過密，水温・溶存酸素の変動などによるストレス，薬剤投与，餌・飼料中に多量に含まれがちな魚油（酸化されやすい 2 重結合を多くもつ）などにより，酸化ストレスが強いと考えられる．養殖現場において，養成期のブリ，マダイ，シマアジなどにグルタチオンを経口投与（20 mg / kg　BW /日）して飼育することにより，肝臓障害・黄脂症の目

安となる Aspartate aminotransferase や Alanine aminotransferase の改善，腸球菌症による死亡日数の軽減などが認められている[27]．

3·2 酵素加水分解物

大豆やカゼインを酵素で加水分解することにより，分子量が 700 から数千のポリペプチドが得られる．大豆タンパク質をプロテアーゼで酵素分解した大豆ペプチドを用いて，微粒子飼料の形態でヒラメ仔稚魚（全長 15.2 mm）に 30 日間給餌したところ，カゼインの 20 ％を大豆ペプチドで置き換えた区の成長が優れていたと報告された[28]．さらに，シーバスでも魚粉をプロテアーゼで加水分解して分子量 1,000 以下のアミノ酸，ジ，トリおよび 6 残基以下のポリペプチドからなる短鎖ペプチドを，魚粉と置換して作成した微粒子飼料で孵化後 19 日目の稚魚を飼育したところ，20 および 40 ％の短鎖ペプチドを配合した区で優れた成長と生残率が得られている[29]．

一方，カゼインと乳清タンパク質に大別される乳タンパク質をそれぞれタンパク質分解酵素により酵素分解した乳タンパクペプチドはバランス栄養食品，スポーツ栄養食品，乳幼児・病態栄養食品，一般食品の物性改良などに広く使われている[30]．われわれは，カゼインの酵素加水分解物で分子量 1,000～2,000（C800）および 30,000 程度（C700）の 2 種類を，脂肪酸カルシウムとともに反応させた微粒子飼料でヒラメ孵化仔魚を飼育した．その結果，タンパク質源として C700 単用よりも C800 を併用したほうが成長や生残率に効果があることを明らかにした[31]．しかし，C800 の割合を増加すると，飼料から

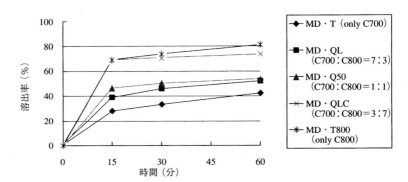

図 5·3　微粒子飼料の溶出曲線

の溶出が激しく，微粒子飼料の栄養価が劣るとともに，飼育水の水質悪化を招くため注意が必要である（図 5・3）．これら各種ペプチドによる仔稚魚への成長効果を調べることは，仔魚におけるタンパク質，特にアミノ酸の栄養要求や，その吸収機構の解明に役立つだけでなく，微粒子飼料の開発の上にも今後益々有効な手段となろう．

§4. その他

アミノ酸，ペプチドあるいはその関連化合物は魚介類に対して正・負，両面の効果を有している．ここでは，最近話題にあげられているいくつかの成分について簡単に要点を記載する．

4・1 トリプトファン

トリプトファンは 2 つの経路をもつ．1 つはセロトニン生成経路で，セロトニンやメラトニンなどに転換され，中枢神経系に存在し，睡眠や食欲，成長ホルモンやプロラクチン分泌の調節等に働く．もう 1 つは，キヌレニン経路で，キヌレニンを介してアセチル-CoA と NAD を産生する．トリプトファン欠乏によりサケ・マス類は脊椎湾曲を呈するが，これはセロトニンレベルの低下と相関すること，飼料中の濃度を 100〜130 mg / 100 g にすることにより，防止できることが明らかにされた[32, 33]．

4・2 ラクトフェリン

哺乳動物の乳汁には病気から守るためのさまざまな感染防止因子が含まれているが，その 1 つにラクトフェリンが知られる．ラクトフェリンは分子量約80,000 の鉄結合性糖タンパク質で，赤色を呈している．魚類（マダイ，キンギョ，アユなど）に対する効果としては，粘液分泌量を増加させることによる寄生虫（白点病）の予防，食細胞・NK 細胞・レクチン・リゾチーム活性などの免疫賦活作用，ストレスの目安となる血漿コルチゾールの低減効果，などが知られる[34, 35]．甲殻類のクルマエビにおいても，ラクトフェリン 700〜1,000 mg / kg 添加飼料により成長や，ストレス耐性が高まることが明らかにされた[36]．

4・3 ヒスタミン

赤味魚のイワシやサンマはヒスチジンを多く含有しているが，腐敗によりヒスタミンが急激に増加する．ヒスタミン自体胃酸の分泌促進やアレルギーを誘

発するが，さらに加熱によりジゼロシンとなり，ニワトリなどに筋胃ビランなどの症状を起こさせることから恐れられている．このジゼロシンはリジンからも合成される．ヒスタミンや，やはりリジンから生成されるカダベリンはアミン類に分類され，腐敗物質としてよく知られた成分である．

加熱処理したヒスタミン含有魚粉を用いて作成した飼料はニジマスの胃壁に異常を生じさせる[37]．また，最近 1,000 mg / kg を超えるヒスタミン含有魚粉が輸入され，ブリに及ぼす影響が懸念されたが，飼料中のヒスタミンおよびジゼロシン含有量が，それぞれ 1,500 および 0.6 mg / kg 含まれていても成長等に悪影響は見られず[38]，さらに，ヒスタミンおよびジゼロシン含有量が 740 および 0.4 mg / kg の飼料でブリを 126 日間飼育しても筋肉にヒスタミンが蓄積されないことが確認されている[39]．このヒスタミンは食品における HACCP の危害物質の 1 つとなっていることから，輸出製品とする場合にはこの蓄積に注意が必要である．

4・4 カルニチン

脂質はリパーゼの作用により脂肪酸に分解され，その後細胞内に取り込まれる．細胞内で脂肪酸は活性化されアシル CoA（活性脂肪酸）になるが，アシル CoA のままではミトコンドリア膜を通過できない．その際，アシル CoA はカルニチンと結合することによりミトコンドリア内に入り，カルニチンを遊離後再度アシル CoA になり，β-酸化によりアセチル CoA に分解され，TCA 回路でさらに酸化され ATP を生成する．すなわち，脂肪酸がエネルギー生産に関与する上で，重要な働きをするのがカルニチンで，リジンのメチル化により生成される．飼料への添加効果をマダイ稚魚で調べたところ，2,090 mg / kg の L-カルニチン含有区で優れた飼育結果が得られるとともに，脂肪酸の利用も向上した[40]．さらに，全魚体中の長鎖型カルニチン含量はマダイを低水温（16℃）で飼育した場合，著しく増加し，低温環境下で長鎖脂肪酸がエネルギー源として利用されていることも裏付けられた（図 5・4）．なお，その他の魚種では，シーバスやアフリカナマズでは成長に対して効果があるが，ニジマスや大西洋サケには効果が認められず，種特異性，特に生息水温の違いが関係しているものと推察される[41]．

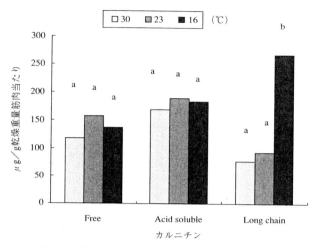

図 5・4 異なる水温で飼育したマダイ筋肉中のカルニチン含量

4・5 サイロキシン（T₄）

ヒラメの変態などにおいては甲状腺ホルモンの関与が知られているが，その中の 1 つに T₄ がある．最近，この T₄ をヒラメの変態時（E-F ステージ）に 10 mM の濃度で浸漬すると，90 %以上のヒラメが有眼側の体色異常，いわゆる白化個体となることがわかった [42]．この発現機構はいまだ特定されていないが，ビタミン A やビタミン D もヒラメの白化や黒化を発現することから，核内の同一レセプターが関与しているものと推察される．

4・6 アミノ酸の貝類への取り込み

アコヤガイ，マガキおよびホタテガイもワムシと同様に，海水中に含まれるアミノ酸を体内に蓄積できる．呈味成分として知られるグリシン，タウリンおよびグルタミン酸を 2.7 mmol / l（200〜400 mg / l）の濃度で直接海水に添加し，取り込みを調べたところ，アコヤガイおよびマガキではグリシンの取り込みが優れ，さらに，マガキを海水から淡水に収容して浸透圧耐性を調べたところ，グリシン強化マガキは高い生残率を示すことがわかった [43]．これは，グリシンがエネルギー源として有効であることを示唆している．一方，ホタテガイはタウリンの取り込みが著しく，二枚貝の種類により溶存態の栄養素としての遊離アミノ酸の取り込みや効果が異なることが明らかとなった．このように，

貝類へのアミノ酸直接添加方法は，貝類の活性を容易に高めることができ，品質保持に有効な手段となろう．

　以上，アミノ酸およびその関連化合物のペプチドやペプチドホルモンは，生体に対してさまざまな影響，例えば，成長や，生残率の改善のみならず，肝機能の改善，ストレスの軽減，過酸化脂質の消去など，多岐にわたっている．これまでに，それらの効果や作用機序がすべて解明されたわけではなく，今後この分野における研究の進展が大いに期待される．特に今後の展開としては，魚介類におけるタウリン要求の種特異性と機能の解明，アミノ酸による"直接添加"の利用，ペプチドによる微粒子飼料の開発，ペプチドの抗病性への関与などは重要である．

文　献

1) 阿部又信：タンパク質およびヌクレオチド類，動物栄養学（奥村純市・田中圭一編），朝倉書店，1995, pp.29-48.

2) 松成宏之・竹内俊郎・村田裕子・高橋誠・石橋矩久・中田 久・荒川敏久：人工種苗生産ブリ仔稚魚におけるタウリン含量の変化および天然稚魚との比較. 日水誌，69, 印刷中（2003）.

3) T. Takeuchi : A review of feed development for early life stages of marine finfish in Japan. *Aquaculture*, 200, 203-222（2001）.

4) T. Takeuchi, G-S. Park, T. Seikai, and M. Yokoyama : Taurine content in Japanese flounder *Paralichthys olivaceus* T. & S. and red sea bream *Pagrus major* T. & S. during the period of seed production. *Aquacult. Res.*, 32, 244-248（2001）.

5) 竹内俊郎：魚類における必須脂肪酸要求の多様性. 化学と生物，29, 571-580（1991）.

6) 高橋隆行・天野高行・竹内俊郎：ワムシのタウリン強化について. 平成 15 年度日本水産学会講演要旨集，p.147（2003）.

7) 高橋隆行・明楽隆司・竹内俊郎：タウリン

強化ワムシのヒラメ仔稚魚への給与効果.平成 15 年度日本水産学会講演要旨集，p.147（2003）.

8) T. Seikai, T. Takeuchi, and G-S. Park : Comparison of growth, feed efficiency and biochemical composition of juvenile flounder fed live mysids and formula feed under laboratory conditions. *Fish. Sci.*, 63, 520-526（1997）.

9) 朴 光植・竹内俊郎・青海忠久・中添純一：ヒラメ稚魚の生物飼料としてのアミの栄養価に関する研究. 水産増殖，45, 371-378（1997）.

10) 朴 光植・竹内俊郎・青海忠久・横山雅仁：飼料中のタウリンがヒラメ稚魚の成長および魚体中のタウリン濃度に及ぼす影響. 日水誌，67, 238-243（2001）.

11) 公開特許公報：養魚飼料，特開2002-253140（2002）.

12) 金 信権・竹内俊郎・横山雅仁・村田裕子・金庭正樹：脱タウリン飼料を用いたヒラメ稚魚の成長およびタウリン代謝に関する研究. 平成 15 年度日本水産学会講演要旨集，p.139（2003）.

5. ペプチド・アミノ酸　67

13) M. Yokoyama, T. Takeuchi., G-S. Park, and J. Nakazoe Hepatic cysteinesulphinate decarboxylase activity in fish. *Aquacult. Res.*, 32, 216-220 (2001).

14) T. Goto, T. Matsumoto, and S. Takagi : Distribution of the hepatic cysteamine dioxygenase activities in fish. *Fish. Sci.*, 67, 1187-1189 (2001).

15) G-S. Park, T. Takeuchi, M. Yokoyama, and T. Seikai : Optimal dietary taurine level for growth of juvenile Japanese flounder *Paralichthys olivaceus Fish.Sci.*, 68, 824-829 (2002).

16) S-K. Kim, T. Takeuchi, M. Yokoyama, and Y. Murata : Effect of dietary supplementation with taurine, beta-alanine and GABA on the growth of juvenile and fingerling Japanese flounder *Paralichthys olivaceus*. *Fish. Sci.*, 69, 242-248 (2003).

17) 松成宏之・竹内俊郎・村田裕子・秋元淳志・浜田和久・宿輪　仁・虫明敬一：ブリ親魚の産卵に及ぼす親魚飼料中へのタウリン添加効果－2. 分析結果. 平成15年度日本水産学会講演要旨集, p.152 (2003).

18) T. Takeuchi, J. Lu, G. Yoshizaki, and S. Satoh : Effect on the growth and body composition of juvenile tilapia *Oreochromis niloticus* fed raw *Spirulina*. *Fish. Sci.*, 68, 34-40 (2002).

19) J. Lu, T. Takeuchi, and K. Sakai : The reproduction of the tilapia *Oreochromis niloticus* fed solely on raw *Spirlina*. 平成14年度日本水産学会講演要旨集, p.126 (2002).

20) 後藤孝信：魚類のタウリン生合成経路の多様性. 化学と生物, 40, 635-637 (2002).

21) 後藤孝信・望月明彦・蓮實文彦：魚類肝臓中のタウリン生合成に関した酵素の活性と分布. 水産増殖, 50, 443-449 (2002).

22) 高木修作：栄養価からみた代替タンパク質. 養殖, 39 (9月号), 62-67 (2002).

23) 高木修作・山本浩史・村田　寿・巻口孝義・新谷敦嗣・林 雅弘・幡手英雄・宇川正浩：タウリン補足無魚粉飼料給与ブリにおける緑肝の抑制機構. 平成15年度日本水産学会講演要旨集, p.137 (2003).

24) 舞田正志・青木秀夫・山形陽一・渡邉哉子・佐藤秀一・渡邉　武：無魚粉飼料を給餌したブリにみられた緑肝症について. 日水誌, 63, 400-401 (1997).

25) 浜田和久・松成宏之・虫明敬一・宿輪仁・竹内俊郎：ブリ親魚の産卵に及ぼす親魚用飼料へのタウリン添加効果－1. 採卵結果. 平成15年度日本水産学会講演要旨集, p.152 (2003).

26) 金沢昭夫・手島新一・越塩俊介・福永文人：マダイ仔魚に対するペプチドの成長促進効果. 平成3年度日本水産学会春季大会講演要旨集, p.36 (1991).

27) 久保埜和成：強肝剤 I（グルタチオン）. 養殖, 37, 128-134 (2000).

28) 金沢昭夫・手島新一・越塩俊介・福永文人：ヒラメに対するペプチドの成長促進効果. 平成2年度日本水産学会秋季大会講演要旨集, p.112 (1990).

29) J. L. Zambonino, C. L. Cahu, and A. Peres : Partial substitution of di- and tripeptides for native proteins in sea bass diet improves *Dicentrarchus labrax* larval development. *J. Nutr.*, 127, 608-614 (1997).

30) 堀井　純・齋藤仁志・田村吉隆：乳蛋白質および乳蛋白ペプチドの開発と食品の利用, 食品の包装, 26 (2), 1-10 (1995).

31) T. Takeuchi, Q. Wang, H. Furuita, T. Hirota, S. Ishida, and H. Hayasawa : Development of microparticle diets for Japanese flounder *Paralichthys olivaceus* larvae. *Fish. Sci.*, 69, 547-554 (2003).

32) T. Akiyama, T. Murai, and T. Nose : Role of tryptophan metabolites in inhibition of spinal deformity of chum salmon fry caused by tryptophan

deficiency. *Nippon Suisan Gakkaishi*, **52**, 1255-1259 (1986).

33) T. Akiyama, H. Kabuto, M. Hiramatsu, T. Murai, and K. Mori：Effect of dietary 5-hydroxy-L-tryptophan for prevention of scoliosis in tryptophan-deficient chum salmon fry. *Nippon Suisan Gakkaishi*, **55**, 99-104 (1989).

34) 角田　出・黒倉　寿・中村浩彦・山内恒治：ラクトフェリン投与によるマダイ体表粘液の非特異的生態防御活性の増強．水産増殖，**44**, 197-202 (1996).

35) 角田　出・尾形朋広・五十嵐和昭・砂田一夫・中村浩彦・渋井　正：ラクトフェリン投与による稚アユのストレス耐性強化．水産増殖，**46**, 93-96 (1998).

36) 越塩俊介・横山佐一郎・手島新一・石川学・押田恭一・早澤宏紀：ラクトフェリン摂取による水棲動物の成長，生残，およびストレス耐性の改善Ⅰ．クルマエビ．平成12年度日本水産学会春季大会講演要旨集，p.135 (2000).

37) T. Watanabe, T. Takeuchi, S. Satoh, K. Toyama, and M. Okuzumi：Effect of dietary histidine or histamine on growth and development of stomach erosion in rainbow trout. *Nippon Suisan Gakkaishi*, **53**, 1207-1214 (1987).

38) 渡邉　武・濱崎祐太・舞田正志・佐藤秀一・佐藤公一・矢田武義・宮崎隆徳・井上美佐・西村昭史：魚粉中のヒスタミン含量がブリの成育に及ぼす影響．平成12年度日本水産学会秋季大会講演要旨集，p.62 (2000).

39) 竹内俊郎：平成14年度産学協同教育セミナー「養殖魚の安全性と養殖管理」，東京，2002, p.2.

40) S. Chatzifotis, T. Takeuchi, and T. Seikai：The effect of dietary carnitine supplementation on growth of red sea bream (*Pagrus major*) fingerlings at two levels of dietary lysine. *Aquaculture*, **147**, 235-248 (1996).

41) 竹内俊郎：平成12年度基礎理論コース「魚介類幼生の栄養要求と餌料の栄養強化」（社）日本栽培漁業協会，東京，2001, pp.1-32.

42) J. H. Yoo, T. Takeuchi, M. Tagawa, and T. Seikai：Effect of thyroid hormones on the stage-specific pigmentation of the Japanese flounder *Paralichthys olivaceus*. *Zool. Sci.*, **17**, 1101-1106 (2000).

43) 越川義功・柵瀬信夫・朴　光植・竹内俊郎：貝類人工配合飼料の開発Ⅱ－給餌システムと成長効果－．平成13年度日本水産学会春季大会講演要旨集，p.122 (2002).

III. 微生物と植物成分

6. 植　　物

佐　藤　　実[*]

§1. 魚類養殖への植物成分の利用例

養殖現場では古くから天然物由来の微量栄養素を餌などに添加する例が見られる[1]. 微量栄養素に期待する要件　には，効率よい成長（摂餌促進作用[2]）と健全性（抗病性，疾病治療，ストレス耐性[3,4]）の付与が主であったが，近年では製品（魚）の機能性（二次機能に関わる皮・筋肉の色揚げなど）・安全性・品質の持続性（日持ちなど）の向上，消費者の好みとの合致などがある.用いられる天然物では植物由来のものが最も多いが，用いられる植物の種類，組織（部位）や投与方法は表6・1に示したように様々である.さらに，最近，植物の有効成分を抽出精製したもの，例えばカテキン，アントシアニン，フェルラ酸などポリフェノール類などを投与する例も見られる.植物由来の微量成分が養魚現場で盛んに用いられる理由としては，自生，栽培であれ原料の入手が容易なこと，漢方薬，生薬としてヒトでの長い利用の歴史と効果の実証があること，廃棄物の再利用としての要望も多いことなどによるものと思われる.

このように植物由来の微量栄養素を使用した例は数多いが，科学的な実験データを蓄積している例はあまり多くない.本章では，詳細な研究がなされている緑茶抽出物と筆者らが進めているステビア抽出物に関する研究を紹介する.

表6・1　養殖現場で利用される植物，部位および投与方法

植物の種類	部位	投与方法
一年生草	葉	粉砕物
多年生宿根草	茎	抽出物
灌木	根	精製物
喬木（竹も含む）	果実・種	乾留液（木酢液）
		木炭

[*] 東北大学大学院農学研究科

§2. 緑茶抽出物，茶殻およびポリフェノール

緑茶にはポリフェノールの一種カテキン類が含まれる．カテキン類については試験管内（in vitro）における抗酸化効果が広く知られており[5, 6]，イワシ皮に存在し魚臭発生につながるリポキシゲナーゼ活性の抑制効果も知られている[7]．カテキン類は経口投与された場合も生体内（in vivo）でも抗酸化活性を示し，ラットでは酸化油による肝臓障害の軽減化や肝臓への脂肪蓄積の抑制効果も報告されている[8]．

緑茶抽出物またはその抽出残渣（茶殻）を飼料にそれぞれ 0.7〜1 ％および 3.6〜5 ％添加してブリおよびアユの成長，脂肪含量および組織脂質酸化に対する影響が調べられている[9]．それによると，ブリでは体重増加は対照区に比較し緑茶抽出物で 91 ％，茶殻で 88 ％と低下するが，それ以上に筋肉脂肪含量がそれぞれ 64 ％および 51 ％と大きく低下することを認めている．なお，脂質酸化の指標であるチオバルビツール酸値（TBA 値）には試験区間で差は見られないとしている．

アユでも体重増加は対照区に比較し緑茶抽出物で 90 ％，茶殻で 91 ％と低下するが，アユ全魚体脂肪含量には有意差はなく，TBA 値にも試験区間で差は見られないとしている．筆者らは緑茶抽出物および茶殻により，特にブリの脂肪蓄積が抑制されたことは養殖魚独特の過度の油っぽさを抑える上で有効としている．

緑茶ポリフェノール（カテキン）をハマチ（0.02％，0.2％）[10]，マダイ（0.6％）[11] に投与してその効果を観察している．ハマチでは体重増加および筋肉一般成分においては試験区間に差は認められないとしている．さらに，魚肉の鮮度・生きのよさの指標である K 値にも変化はないことを認めている．これに対し，ポリフェノール添加区で死後硬直時間の延長，一般生菌数および低温細菌数の増加の抑制，筋肉色素ミオグロビンのメト化の遅延などが認められている．これより，緑茶ポリフェノールを養殖魚に投与することで，肉質の向上と流通段階での鮮度・品質維持が図られ，生鮮魚としての日持ちの向上が可能になりうるとしている．

マダイにおいてはカテキン投与により，血清や肝臓のアスコルビン酸濃度が有意に上昇すること，筋肉の不溶化コラーゲン（70℃で不溶）量が上昇するこ

とが認められている．このことよりカテキン投与によりマダイでのアスコルビン酸代謝の改善が図られると推察している．

一方，佐藤・竹内は酸化油と同時にカテキン（0.05％）をニジマスに投与し，血清過酸化脂質濃度の変化を観察しているが，それによると酸化油のみを投与した対照区のそれと有意差は認められないとしている[11]．緑茶カテキンがタンパク質などの食品成分と結合し膜透過性が変化することが知られており[12]，飼料の共存成分との結合でニジマス腸管からの吸収に変化が生じたことによると推測している．ポリフェノール類の吸収や，生体内での代謝などに関する研究も待たれる[13]．

§3．ステビア抽出物

ステビアという単語はわが国では清涼飲料水や各種食品に甘味物質として広く用いられていることより知られているが，本来"ステビア"とは南米パラグアイ原産のキク科植物 *Stevia rebaudiana* の名称である．現地では甘みの強いステビアの葉をお茶に入れて飲んだり，胃薬として服用している．わが国には1970 年に導入され，甘味物質の生産と利用が研究されてきた．葉に甘味成分であるカウレン系ジテルペン配糖体ステビオシドおよびレバウデオシド A が乾燥葉重量の 15％以上の高濃度で含まれている[14]．なお，ステビオシドには最近抗がん作用があることが知られている[15]．

筆者らはキク科植物ステビアのうち，甘味物質含有量が少なくこれまであまり利用されていなかった茎から得た熱水抽出物を発酵させたもの（（株）ジェービービー・ステビア研究所製ベストミートドリンク BMD，以下，ステビア抽出物とする）をニジマス，ギンザケ，マダイ，ブリなどに投与しその効果を観察した．その成分内容は表 6・2 の通りであり，ラットを用いた実験で LD_{50} 値が30 g / kg 以上の値で得られている[16]．

表6・2　ステビア抽出物の主な成分（100 ml 中）

β-カロテン	23 μg
ビタミン A 効力	13 IU
ビオチン	6.3 μg
ビタミン B_2	0.21 mg
ナイアシン	2.4 mg
パントテン酸	0.98 mg
カルシウム	120 mg
鉄分	1.3 mg
カリウム	2,200 mg
リン	200 mg
ナトリウム	22 mg
カロリー	47 kcal

3・1 低酸素耐性の向上

ステビア抽出物を飼料に添加（固形物として 500～2,000 ppm 添加）してニジマス（平均体重 5.6 g）を 4 週間飼育した後，5 尾を低酸素水（DO 1.35 ml / l） 500 ml に閉じこめ，死亡時間と全てが死亡した時点での溶存酸素濃度（DO）を測定した．その結果，対照区の平均死亡時間 4.88 分，最終死亡時の DO 0.84 ml / l に対し，ステビア 2000 ppm 添加区は平均死亡時間は 6.57 分に延長し，最終死亡時の DO は 0.66 ml / l を示し，ステビア添加によりニジマスの低酸素耐性の大幅な向上が認められた[1]（図6・1）．

中川らは魚類飼料へ海藻粉末を添加して飼育すると，魚類の低酸素耐性が大幅に向上することを認めているが，その理由は不明としている[17]．可能性としては赤血球細胞膜の変化，ヘマトクリット値の上昇，ヘモグロビンの酸素結合性の向上など，魚類の酸素利用能の向上が考えられる．

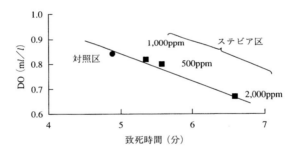

図6・1 ニジマスの低酸素耐性に及ぼすステビア抽出物の効果

3・2 抗酸化活性

試験管内での試験でステビア抽出物に強い抗酸化活性が認められたことより，ニジマスを用いて *in vivo* での抗酸化活性として，酸化脂質の蓄積抑制効果および筋肉脂質の酸化安定性向上効果について検討した．

酸化脂質蓄積抑制効果

ステビア抽出物（固形物で 100～1,000 ppm）を酸化油（PV 200 meq / kg）を含む飼料に添加してニジマスを4週間飼育しその効果を観察した．この際，緑茶カテキン（500 ppm）投与区も設けた．その結果，ニジマスの増重率は酸化油対照区の 99 % に対し，ステビア 1,000 ppm 添加区が 167 % で非酸化油

対照区の 143 ％をも上回る成績を得た．血清中の過酸化脂質量（LPO）は酸化油対照区の 9.6 nmol / ml 血清に対し，ステビア 500 および 1,000 ppm 添加区ではそれぞれ 4.3 nmol / ml および 6.1 nmol / ml と著しく低下し，非酸化油対照区の値（4.5 nmol / ml）に近似し，ステビア抽出物に血清 LPO の上昇抑制効果を示す抗酸化有効成分が含まれることが明らかになった[1]（図 6・2）．一方，茶の抗酸化物質として知られているカテキン 500 ppm 添加区は 9.2 nmol / ml と酸化油対照区のそれに近似した値を示し，血清 LPO の上昇抑制効果は認められなかった．

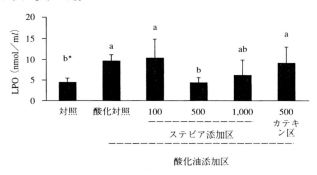

＊ 異符号間に有意差あり（$p < 0.05$）

図 6・2　ニジマス血清過酸化脂質（LPO）濃度に及ぼすステビア抽出物の添加効果

　ステビア抽出物の抗酸化有効成分を明らかにするため，抽出物をカラムで分画し，同様に飼育実験を行った結果，抗酸化活性成分は複数の成分によることが明らかになった[1]（図 6・3）．これまで有効成分としてカテコール，桂皮酸およびそれらの誘導体などの低分子フェノール性化合物に加え，無機成分も抗酸化性に関与していることを明らかにした[18~21]．ステビアは天然界ではまれなステビオシドやレバウデオシド A などの物質を異常に蓄えていることを見ても，代謝系が他の植物とは大きく異なっていることが推察され，今後さらに新たな抗酸化物質が見出される可能性も考えられる．また，抗酸化反応機構には様々なものがあり，ステビア抽出物で特定された抗酸化成分がどのような様式で抗酸化作用を発揮しているかについても興味がもたれる．

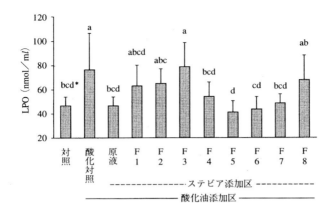

*異符号間に有差異あり（$P<0.05$）

図6・3　ニジマス血清過酸化脂質（LPO）濃度に及ぼすステビア分画液の添加効果

筋肉脂質の酸化安定性向上効果

ステビア抽出物を 500〜2,000 ppm 添加した飼料でニジマスを 4 週間飼育し，その筋肉より得た脂質を 40℃でインキュベートした際の過酸化物価（POV）の経時変化から脂質の酸化安定性を評価した．その結果，ステビア抽出物を添加したニジマスの筋肉脂質はいずれの試験区でも対照区のそれに対して，過酸化物価の上昇が抑制され，酸化安定性が向上していることが認められた[22]（図 6・4）．同様にギンザケ筋肉脂質でも酸化安定性が向上することを確

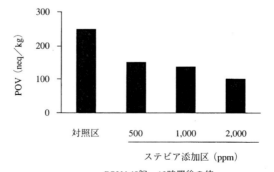

POV：40℃，12時間後の値

図6・4　ニジマス筋肉脂質の酸化安定性

認した．ステビア抽出物を飼料に添加することで筋肉脂質の酸化安定性が向上すること，血清過酸化脂質の蓄積抑制効果が認められたことは，魚肉の品質向上が図られているといえる．

3・3　ヒスタミン解毒効果

ヒスタミンはヒスチジンからヒスチジンデカルボキシラーゼによって生じる物質である．アレルギー性食中毒の原因物質として以外に，平滑筋の収縮作用，中枢神経伝達など様々な生理活性を有することが知られている．回遊性赤身魚に高濃度のヒスチジンが含まれることより，微生物の作用でヒスタミンが容易に生成される危険性がある．ヒスタミンは胃酸分泌作用を有することも知られ，ヒスタミンを多量に含んだ飼料投与により，ブロイラーおよびニジマスに胃の靡爛が生じることが報告されている[23]．養魚飼料に赤身魚由来のブラウンミールが主に使用されるようになり，ヒスタミンに関心が寄せられている．

市販飼料に1%ヒスタミンを添加したものに，ステビア抽出物を 2,000 ppm 添加し，約 10 g のニジマスを 8 週間飼育した．飼育終了後，ニジマス胃のペプシン活性および胃粘膜組織の観察を行った．その結果，ヒスタミン添加飼料区において，胃粘膜上皮細胞の膨潤および粘膜固有層の萎縮が認められた．一方，ステビア抽出物添加区の組織は市販飼料区のそれと大差なく，ステビア抽出物によるヒスタミンの毒性の緩和が認められた．胃液のペプシン活性は，組織像の変化が少なかったステビア抽出物添加区で有意に低い値を示した[24, 25]．

表6・3　ブロイラーの筋胃びらんおよび潰瘍発症に及ぼすヒスタミンおよびステビア抽出物の影響

試験飼料	GE 強度[*1] と発症ブロイラー羽数				GEスコア[*2]	重篤 GE の発症割合
	0	1	2	3		
対照区	5	5	0	0	5	0/10
0.4%ヒスタミン区	1	3	3	3	18	6/10 [*3]
0.4%ヒスタミン ＋0.2%ステビア区	4	3	2	1	10	3/10

*1　GE強度0：　ケラチノイド層に全く異常が認められないもの，および粗造化やびらんの程度が極めて軽度なもの
　　GE強度1：　粗造化および，ひだの走行の乱れなどの軽度の変化が認められるもの
　　GE強度2：　さらに明確なケラチノイド層の欠損が認められるもの
　　GE強度3：　筋胃の潰瘍化が激しく穿孔により腹腔まで貫通しているもの
*2　GEスコア：　GE 強度に 10 羽あたりの発症羽数を掛け，合算したもの
*3　対照区に対して有意差あり（$p < 0.05$）

ステビア抽出物投与ニジマスにおける血中ヒスタミン濃度およびヒスタミン代謝酵素活性の変化から，ステビア抽出物投与によりニジマス腸管でのヒスタミン吸収の阻害とヒスタミン代謝の促進，胃ペプシン活性の抑制が起きていることが認められた．このことよりステビア抽出物にヒスタミン解毒作用を認め，その作用機構は複数の生物活性の複合的なものであることが示唆された．なお，ステビア抽出物のヒスタミン解毒作用はブロイラーを用いた試験でも確認されている[26]（表6・3）．

3・4　肉質の改善効果

ステビア抽出物を添加した飼料を与えたニジマスに対する影響を観察するとともに，肉質に影響を及ぼす濃度および成分を検討した[22]．その結果，脂質の酸化安定性を向上させるとともに，破断強度試験ではステビア抽出物は 1,000 ppm ないし 2,000 ppm 添加することで破断時の歪率を有意に下げることが認められ，噛み始めの弾力性（プリプリ感）が増すことが示唆された．官能試験では，歯ごたえの評価が向上することが認められた．成分分析では，筋肉中のアスコルビン酸濃度が高い値を示し，コラーゲン生成に必須であるアスコルビン酸が歯ごたえの向上に寄与している可能性が考えられた．筋肉でのプリプリ感の向上は，ニジマス以外にギンザケ，マダイ，ブリでも認められた．ステビア抽出物添加により，魚類筋肉の肉質改善が図られることが明らかになった．今後，ステビア抽出物を添加した魚類筋肉について組織科学的解析も必要と考える．

§4．植物由来微量栄養素の利用の今後と問題点

緑茶抽出物やステビア抽出物を添加した飼料で魚を飼育することで，魚の活力（低酸素耐性）が増し，筋肉の抗酸化性が向上し，肉質の向上が図られ，魚粉に含まれる可能性のあるヒスタミンの害を緩和する作用のあることが明らかになった．抗酸化性の向上では，魚類は高度不飽和脂肪酸を高濃度に含有すること，脂質の酸化は酸敗臭の発生にも深く関わることを考慮すると，ステビア抽出物により抗酸化性の高い養殖魚の生産が可能になり，干物などで流通する魚類では優位になる可能性が考えられる[1]．

植物の微量栄養素を利用する際，*in vitro* 試験で活性が認められても，*in*

vivo 試験で期待されるような効果が認められないことがある．その理由としては活性成分の腸管での吸収の悪さや生体成分との反応性に由来する安定性の悪さなどが考えられる．また，植物には魚類の成長などに不利益をもたら

表6・4　植物の要注意成分

繊維質	サポニン
フィチン酸	ゴシポール
プロテアーゼインヒビター	タンニン
アミラーゼインヒビター	アルカロイド
レクチン	カビ毒
グルコシノレート化合物	etc

す様々な危険因子が含まれることも知られている（表 6・4）[27]．飼料栄養成分の消化を阻害したり，吸収を妨げたりする成分である．植物を利用する際は，植物の種類，処理方法（粉砕，抽出）などを考慮して，投与方法，投与濃度などについて注意する必要がある．

　健康との関係で日本型食生活が注目されているが，その中心は魚食にある．魚は資源問題や200海里問題などにより，今後益々養殖に依存する割合が高まることが予想される．国民の食材に求める要素の一つに安全性があるが，養殖魚の安全性や健全性等についても強い関心が寄せられている．今後の魚類養殖は生産性の追求より，安全な良質な食材を提供する方向で進むものと思われる．家畜産業では天然物，特に植物由来の微量成分を飼料に添加し消費者に支持される良質な食肉を，差別化して生産する動きが既に進んでいる．この点，養魚現場でも本稿で紹介したような緑茶やステビア抽出物のような天然物由来の微量栄養素の利用について期待が高まるものと考える．

文　献

1) 佐藤　実・竹内昌昭：ステビアの抗酸化活性とその利用．食品と開発，**31**，4-7 (1996).

2) K. Harada, and T. Miyasaki：Attraction activities of fruit extracts for the oriental weatherfish *Misgurnus anguillicaudatus.* *Nippon Suisan Gakkaishi*, **59**, 1757-1762 (1993).

3) 清水英之助：薬草による魚病の予防と治療（上）．養殖，**9**，98-100 (1982).

4) 清水英之助：薬草による魚病の予防と治療（下）．養殖，**10**，58-60 (1982).

5) 中谷延二・菊崎泰枝：食品中のポリフェノールの抗酸化活性．日農化誌，**69**，1189-1192 (1995).

6) 牛谷公郎，海野知紀，良辺文久：茶ポリフェノールの特徴と効能効果．*NEW FOOD INDUSTRY,* **41**, 49-54 (1999).

7) S. Mohri, K. Tokuori, Y. Endo, and K. Fujimoto: Prooxidant activities in fish skin extracts and effects of some antioxidants and inhibitors on their activities. *Fish. Sci.*, **65**, 269-273 (1999).

8) 木村善行・奥田拓道・毛利和子・奥田拓

男・有地　滋：過酸化脂質投与ラットの脂質代謝障害に及ぼす各種茶抽出物の影響. 栄食誌, **37**, 223-228（1984）.

9 ）河野迪子・古川　清・堤坂裕子・仲川清隆・藤本健四郎：ブリおよびアユ養殖飼料への緑茶抽出物および茶殻の添加効果. 日食科工誌, **47**, 932-937（2000）.

10）井上美佐・西村昭史・石原則幸・朱　政治・荒木利芳・森下達雄：不溶化緑茶ポリフェノールによる養殖魚の肉質改善. 平成10年度三重県水産技術センター事業報告, 172-175（1999）.

11）H. Nakagawa, M. G. Mustafa, T. Umino, K. Takii, and H. Kumai: Effect of dietary catechin and *Spirulina* on vitamin C metabolism in red sea bream. *Fish. Sci.*, **66**, 321-326（2000）.

12）大森正司：茶および茶カテキンの有するさまざまな結合特性について. 食品工業, **41**, 60-63（1998）.

13）S. Yamashita, T. Sakane, M. Harada, N. Sugiura, H. Koda, Y. Kiso, H. Sezaki: Absorption and metabolism of antioxidative polyphenolic compounds in red wine. *Ann. N.Y. Acad. Sci.*, **957**, 325-328（2002）.

14）加藤一郎：ステビオサイドの利用技術と安全性, 食品工業, **10**, 44-50（1975）.

15）木島孝夫・高崎みどり：天然甘味物質における発がん抑制作用. FFI ジャーナル, **208**, 184-190（2003）.

16）佐藤直彦：天然飼料添加物「ステビア」. *FEEDING*, **35**, 50-53（1995）.

17）中川平介：養魚飼料への藻類添加効果. 水産の研究, **9**, 51-55（1990）.

18）奚　印慈・山口敏康・佐藤　実・竹内昌昭：ステビアの抗酸化性. 日食工誌, **45**, 310-316（1998）.

19）奚　印慈・山口敏康・佐藤　実・竹内昌昭：ステビア抽出末の抗酸化機構と無機塩の抗酸化性. 日食工誌, **45**, 317-322（1998）.

20）福井弘幸・佐藤　実・竹内昌昭：ニジマスにおけるステビア抽出物の抗酸化油ストレス有効成分について. 平成 8 年度日本水産学会春季大会講演要旨集, 631（1996）.

21）滝浪哲郎・佐藤　実・山口敏康・竹内昌昭・熊谷　勉・佐藤直彦：ステビア抽出物の抗酸化性に関する研究-Ⅲ　抗酸化有効成分の解明（Ⅰ）. 平成 9 年度日本水産学会秋季大会講演要旨集, 934（1997）.

22）宮本太平・中野俊樹・山口敏康・佐藤実・佐藤直彦：ニジマスの肉質に及ぼすステビア抽出物の影響, 平成 13 年度日本水産学会春季大会講演要旨集, 634（2001）.

23）T. Watanabe, T. Takeuchi, S. Satoh, K. Toyama, and M. Okuzumi: Effect of dietary histidine and histamine on growth and development of stomach erosion in rainbow trout. *Nippon Suisan Gakkaishi*, **53**, 1207-1214（1987）.

24）佐藤　実・富澤治子・高橋計介・松谷武成・竹内昌昭・佐藤直彦：ステビア抽出物のニジマスにおけるヒスタミンの解毒作用について, 平成 9 年度日本水産学会秋季大会講演要旨集, 933（1997）.

25）塩崎一弘・中野俊樹・山口敏康・佐藤実・佐藤直彦：ステビア抽出物のニジマスにおけるヒスタミン代謝酵素に与える影響について, 平成 15 年度日本水産学会大会講演要旨集, 672（2003）.

26）K. Takahashi, Y. Akiba, T. Nakano, T. Yamaguchi, M. Sato, and N. Sato: Effect of dietary stevia（ *Stevia rebaudiana*）extract on gizzard erosion and ulceration induced by dietary histamine in broiler chicks. *J. Poultry Sci.*, **38**, 181-184（2001）.

27）J. Guillaume, and R. Metailler：Antinutritional factors, in "Nutrition and Feeding of Fish and Crustaceans"（edited by J. Guillaume, S. Kaushik, P. Bergot, and R. Metailler）. Springer, 2000, pp 297-307

7. 藻　　類

丸山　功[*1]・中川平介[*2]

　クロレラ，スピルリナなどの微細藻類はヒトの健康食品として広く知られ，また，養魚飼料添加物としても広く利用されている．魚類に対する藻類の有効性についてはクロレラエキスを最初として海藻の有効性についても研究が進められてきた．研究開始当初は藻類の投与の目的は魚の活力向上，肉質改善への効果であったが，研究が進むにしたがって魚の成長や生残率向上に対する効果についても科学的な証明がなされ，多くの養魚飼料に応用されるに至った．

§1. 微細藻類

1・1　飼料添加物として使用される微細藻種

　微細藻類は太陽光と炭酸ガスから有機物を生産することによって水界の基礎生産を支えており，自然界では直接または動物プランクトンを介して魚介類の餌となっている．しかし，養魚用の飼料添加物として利用するためには原料が商業的に生産されて流通している必要があるため利用できる藻種は限られている．

　緑藻のクロレラは 1964 年から商業的な大量培養が開始され，健康食品として開発が進められるとともに，飼料添加物としても研究が行われた．研究初期ハマチ，ウナギ，アユなどで成長に対する研究が行われたが，中川ら[1~4]によってクロレラの投与が体成分，抗病性などに影響することが報告されて以降，魚体の生理作用に及ぼす影響が研究の主体となった．藍藻のスピルリナは 1978 年に商業的生産が開始され[5]，クロレラに遅れて飼料添加物としての研究が行われた．体色，肉質，健全性，成長の観点からの研究が行われている．

1・2　添加効果

　微細藻類を養殖魚に投与して得られた有用性を表 7・1 に示す．微細藻類の投

[*1] クロレラ工業株式会社
[*2] 広島大学大学院生物圏科学研究科

与によって，成長や飼料効率，体色，脂質代謝，肉質，抗病性，活力の改善など多様な効果が報告されている．

表7·1　微細藻類を養殖魚に投与して得られた有用性

魚種	微細藻類（添加量）	有効性	文献番号
アユ	クロレラエキス（2%）	脂質代謝,活力,抗病性,肉質	1,4,12-14,17
ハマチ	クロレラエキス（0.3%）	血清脂質,血清蛋白,活力,肉質	2,3,9
ブリ	スピルリナ（1%）	成長,生残,体色	6
ウナギ	スピルリナ（3%）	成長,飼料効率	6
サクラマス	スピルリナ（2.5%）	成長,体色	21
シマアジ	スピルリナ（5%）	成長,脂質代謝,肉質	7,10,18
メジナ	クロレラ（5%）	成長,飼料効率,脂質代謝	8
	スピルリナ（5%）	成長,飼料効率	8
マダイ	スピルリナ（2〜5%）	成長,飼料効率,脂質代謝	11,15,16,19,20

1）成長，飼料効率

クロレラおよびスピルリナの適当量（1〜5%）の添加は飼育魚の成長や飼料効率を改善するという報告[6~8]，および改善しないという報告[1~4]がある．これらの効果は魚種およびそのサイズ，飼料組成，添加する微細藻類や加工方法の違い，飼育条件などによって異なると考えられ，実験条件によっては微細藻類に含まれる栄養成分が有効に作用して成長や飼料効率を改善するものと思われる．

2）肉　質

クロレラエキスの投与でアユでは脂質含量が低下し，一般成分が天然魚に近くなるため脂質が少なく感じられ，ハマチでは肉組織がしまるとの結果が報告されている[9]．スピルリナ投与シマアジでは遊離のリジン，ヒスチジンが増加するとともに肉の色艶，歯触り，食味が改善され[10]，マダイでは腹肉の匂いおよび脂っこさに差が認められた[11]．

3）脂質代謝

飼料脂質はエネルギー源として重要であり，適度な配合によってタンパク質を節約することができ，必須脂肪酸，脂溶性ビタミン，リン脂質などの供給，運搬体としても大切な役割を担っている．しかし，魚種によっては脂肪が蓄積して肉質の低下を引き起こすため，養殖魚の脂質代謝は重要である．

クロレラエキス投与アユ[4, 12〜14]，クロレラ投与メジナ[8]，スピルリナ投与マダイ[15, 16]，シマアジ[7]で脂質代謝に対する影響が報告されている．

クロレラエキスを投与するとアユでは飢餓条件においたときの脂肪の動員能が高いこと[12, 17]，ハマチでは飢餓条件でタンパク質の消費が少ないこと[9]が報告されている．クロレラエキスを投与したアユを飢餓状態で飼育したときの魚体重の変化を図7・1に示す．脂質の動員能が高くタンパク質の消費が少ないため対照区に比べて魚体重の減少が少なかった．*In vitro* で調べた腹腔内脂肪組織からの脂肪酸の遊離および反応系に関与するホルモンの添加効果を図7・2に示す[17]．クロレラエキスを投与したアユでは対照区に比べて脂

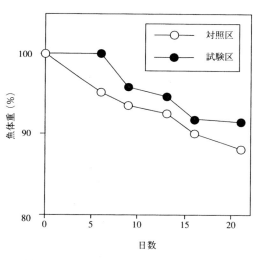

図7・1　クロレラエキスを投与したアユを飢餓条件においた時の平均体重の変化[12]

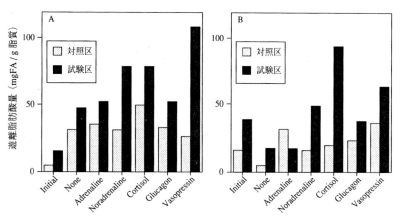

図7・2　腹腔内脂肪からの脂肪酸の遊離に及ぼす脂質動因ホルモンの影響[17]
A：飼育後のアユ，B：飢餓アユ（10日間）

肪酸の遊離能が高く，対照区はコルチゾールの添加によって促進されたのに対し，試験区ではノルアドレナリン，コルチゾール，バソプレッシンの添加によって促進が認められた．無給餌で10日間の飼育後もこの傾向は変わらず，クロレラエキス投与アユは脂肪動員能が高く，ホルモンに対する感受性も高いことが示された．

廖ら[18]はスピルリナから精製した分画脂質を飼料に添加してシマアジの飼育を行い，筋肉の脂質の蓄積を抑制する物質の少なくとも1つはγ-リノレン酸であることを報告した．

一方，脂質代謝に対する影響にビタミンCおよびカルニチンの関与を示唆する結果が得られている．スピルリナを添加した飼料は冷蔵保存中のビタミンCの安定性が優れており[19]，これを投与したマダイは図7・3に示すように肝臓のビタミンC含量，肝臓のカルニチン含量，および筋肉中のコラーゲン含量が高く，その効果は抗酸化作用が高いカテキンに匹敵した[20]．脂質代謝に対する影響の1つの理由は，飼料に添加した藻体が飼料中のビタミンCの安定性や生体内でのビタミンC代謝に影響を及ぼし，カルニチンの合成を促進して脂質代謝に影響を及ぼしたと考えられる．

4）活　力

クロレラエキス投与ハマチを空中に放置したときの血漿成分の変化が少ない

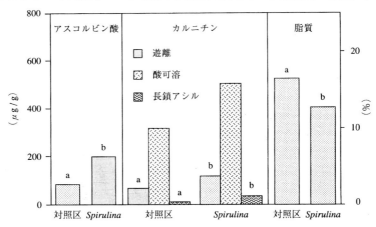

図7・3　スピルリナ投与マダイの肝臓アスコルビン酸，カルニチン，脂質含量[20]
　　　　異なったアルファベットの区間で有意差あり（$p < 0.05$）

こと[4]，クロレラエキスを投与したアユでは水槽にエアレーションなしで放置すると溶存酸素を消費しつくしても酸欠状態になりにくく，空中放置後に水に戻したときも回復が早いことが報告されている[4, 12]．

5）抗病性

クロレラエキスを投与したアユでビブリオを感染させた後の死亡率が低いことおよび高密度飼育時のチョウチン病の発症と斃死の予防効果が報告[1]されており，スピルリナを投与したブリで抗生物質の使用量の減少と飼育期間中の斃死率の低下[6]，サクラマスで鼓脹症の抑制効果が報告[21]されている．また，コイにクロレラの由来の多糖体を腹腔内投与した後，魚病由来の *Aeromonas hydrophila* を腹腔内感染させた結果，多糖体の投与によって生残率が濃度依存的に改善された．

クロレラエキスはマウスおよびラットを用いた実験系で，大腸菌感染時の好中球の集合能と殺菌活性の改善[22]，サイトロメガウイルス感染に対するナチュラルキラー活性の向上とインターフェロンの増加[23]，メイズ感染ラットでリステリア感染に対する細胞性免疫能の向上[24]，X線や薬剤による白血球障害軽減作用[25]などの多様な作用が報告されている．養殖魚に対しては生体防御に関する直接の研究はほとんどないが，抗病性に関する多くの報告は魚体の生体防御系に何らかの影響を与えた可能性が考えられ，今後の研究が必要と思われる．

6）その他

多くの研究で微細藻類の投与によって体色および体型が改善されることが観察されている．カロテノイドを含まないクロレラエキスでもこのような効果が認められることから[2, 4]，藻体が含有するカロテノイドの効果とともに，魚体の生理状態の改善効果を反映していると考えられる．

1・3　有効成分

飼料添加物として使用されるクロレラおよびスピルリナの成分組成を表7・2に示す．両種とも高タンパク質であり，葉緑素，カロテノイドの色素を含み，多種類のミネラルおよびビタミン類を含む．

微細藻類に含まれ，脂質代謝に影響する成分として複合脂質，食物繊維，多価不飽和脂肪酸，葉緑素がラットによる実験で報告されている[26]．シマアジの脂質の蓄積抑制にはスピルリナから抽出した極性脂質画分および γ-リノレン

表7·2 クロレラおよびスピルリナの成分

	クロレラ	スピルリナ[6]
タンパク質（%）	55～67	55～70
脂質（%）	8～13	6～9
炭水化物（%）	10～20	15～20
繊維（%）	18～23	2～4
灰分（%）	5～8	6～8
水分（%）	3～5	2～5
葉緑素（%）	1.5～4	0.8～2
総カロテノイド（mg %）	200～300	200～400
フィコシアニン（%）	—	3.5～7
カルシウム（mg %）	40～150	100～400
鉄（mg %）	70～250	50～100
カリウム（mg %）	700～1,400	1,000～2,000
マグネシウム（mg %）	100～350	200～300
ビタミンB$_1$（mg %）	1～3	1.5～4
ビタミンB$_2$（mg %）	3～8	3～5
ビタミンB$_6$（mg %）	0.3～1.2	0.5～0.7
ビタミンC（mg %）	25～100	
ビタミンE（mg %）	9～15	5～20
イノシトール（mg %）	150～450	40～100
リノール酸（%）	1.4～2.2	0.86
α-リノレン酸（%）	1.2～2.9	
γ-リノレン酸（%）	—	0.8～1.3

酸が有効であり[18]，マダイでは食物繊維を多く含む海藻が栄養分の吸収を穏やかにした[27]．微細藻類がもつこれらの成分は魚類の脂質代謝にも有効に作用すると推察される．

微細藻類が含有する生体防御系に作用する物質としてクロレラ由来の糖タンパク質が報告されており[28]，ビタミンC，ビタミンE，微量元素なども影響を与えることが知られている．また，クロレラエキス高分子画分には抗酸化活性も認められている[29]．

1·4 その他

微細藻類の配合飼料への実用的な添加量は 0.5～5 ％程度であり，大量に添加すると成長や飼料効率の低下を招く．藻体価格は他の飼料原料に比べて高額であるため，期待する効果と投与時期を組み合わせて使用することが必要である．

飼料添加物として研究された微細藻類の藻種は非常に限られている．自然界で資源量が多く海産動物の餌として重要な役割を果たしている珪藻類，海産動物に広く分布するアスタキサンチンを蓄積するヘマトコッカスなどの生産が試みられており，今後，これらについても研究が必要と考えられる．

§2. 大型藻類

2・1 飼料添加物として使用される海藻

　海藻は日本では貴重な食料資源であることを考えると食用藻類の養魚飼料添加物としての利用は経済的に無理がある．有毒成分を有する海藻は別としてほとんどの海藻は飼料添加物として利用可能と考えられる．低品質の廃棄ノリや沿岸のアオサも利用可能であるが収集，処理，運搬コスト，充足量から大規模な飼料生産プラントには組み込めないため輸入海藻が使用されている．

2・2 添加効果

　海藻粉末を養魚飼料に添加物としての使用量が増えると飼料の総タンパク質が低下して負の影響が現れるが，適量の場合には表7・3にあげるとおりの効果が報告されている．

表7・3　海藻を養殖魚に投与して得られた有効性

魚種	海藻（添加量）	有効性	文献番号
アユ	ヒトエグサ（2.5%）	成長，脂肪酸，アミノ酸	35
クロソイ	ワカメ（5%）	成長，活力，脂質代謝，絶食耐性	36
メジナ	ボタンアオサ（5%）	成長，脂質代謝	8
クロダイ	アオサ（2.5〜5%）	脂質代謝，活力	37〜39
マダイ	アオサエキス（1%）	タンパク質蓄積	50
	アオサ（5%）	成長，脂質代謝，活力，抗病性	31,40,41,42,45
	ワカメ（5%）	成長，脂質代謝，栄養素吸収	27，49
	アスコフィルム（5%）	成長，脂質代謝，活力，栄養素吸収	27,30,31,41,42,49
	ノリ（3〜5%）	成長，活力	30,31,41
ヒラメ	アオサ変異種（2%）	成長，健全代謝，タンパク質蓄積	32
ハマチ, ブリ	アオサ変異種（3%）	成長，活力，抗病性，体色，脂質代謝	33,34
	コンブ（0.5%）	栄養性疾病予防，脂質代謝，絶食耐性	9,47

1）成長，飼料効率

　魚の活性や抗病性，肉質など質的向上を目的とし海藻の投与に関する研究が進んだが，質のみならずマダイ[30, 31]，ヒラメ[32]，ブリ[33, 34]，アユ[35]，クロソイ[36]，メジナ[9]の成長や飼料効率も向上することが明らかになった．図7・4に示すとおり，クロダイの飼料効率とタンパク質効率から求めたアオサ粉末の至適添加量は2.5〜5％であった[37]．アスコフィルム，ノリ，アオサなどの海藻をマダイ飼料に3〜5％添加するとタンパク質の合成能（筋肉 RNA / DNA 比）が高くなり分解能（酸性プロテアーゼ活性）が低くなったことから成長へ

の効果が化学的にも認められた[31]. 成長, 飼料効率向上の理由として海藻が栄養素の吸収を高めた可能性がある[27].

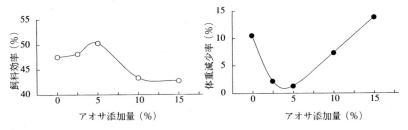

図7・4 クロダイの飼料効率, 越冬による体重減少率に及ぼすアオサ粉末添加量
(H. Nakagawa ら[37]より作成)

2) 肉 質

魚の肉質は脂質の量, 質, 組成, 存在部位に加え, 筋肉タンパク質組成, 筋肉の構造が影響する. 総じて飼料への海藻の添加は味, 肉質を向上させることが食味試験から認められている.

3) 脂質代謝

日本ではある程度脂質ののった魚が好まれるが, 必ずしも脂質の多い魚が美味いわけではない. 海藻を飼料添加物として魚に投与すると脂質代謝が改善され, 吸収したエネルギーが有効に利用されるため, 筋肉脂質量がクロダイ[38,39], マダイ[30,40,41], ハマチ[9]で増加することがある.

産卵期や越冬前などエネルギーが必要な時期になると, 体内に脂質が増え, 脂質は必要に応じてエネルギー源として優先的に消費される. しかし, 栄養素のバランスが悪い飼料の長期間投与, 不適当な給餌頻度, 過食などにより蓄積した脂質はエネルギーとして使われ難く, 筋肉タンパク質がエネルギーとして消費されてしまう. このような魚を絶食させると脂質が相対的に増加し, 体重の減少が大きく短期間の絶食で死ぬことがある. マダイ飼料へのアオサ添加[40], ハマチへの 0.5％コンブ粉末添加飼料でタンパク質のエネルギーへの動員が抑制され脂質が消費される[9]. 図 7・5 にアオサ粉末 10 ％添加飼料で飼ったクロダイの越冬期間中の体重減少率と体成分の変化を示す[39]. 絶食や越冬期間には体内の蓄積脂質が優先的に消費され筋肉タンパク質は維持される. 越冬期の体重減少率を指標にしてクロダイに対するアオサの至適添加量を求めると図 7・4

のとおり 2.5〜5.0 %の場合が良好であった[37].

　蓄積脂質がエネルギーになって消費されるには脂肪酸がミトコンドリア内で β 酸化を受ける必要があるが，この際ビタミン C により合成されたカルニチンがミトコンドリアへの脂肪酸の運搬に重要な役割をはたす．ビタミン C が欠乏すると脂質が消費されないことに加え蓄積脂質の酸化により病気の原因となる．スピルリナの投与と同様[19, 20]，海藻の投与によっても飼料中のビタミン C の分解が抑制され海藻を摂餌した魚によるビタミン C の吸収が促進され，脂質のエネルギーへの転換が活発になったと考えられる．天然環境でマダイ，クロダイは水温が下がる前に海藻を食べる．天然環境で海藻がタイ類の大切な餌料となっているのは蓄積脂質のエネルギーへの動員能の活性化のためとも考えられる．

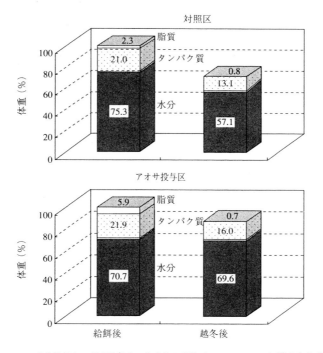

図 7・5　アオサ投与クロダイ越冬中の体成分の変化（H. Nakagawa ら[37] より作成）

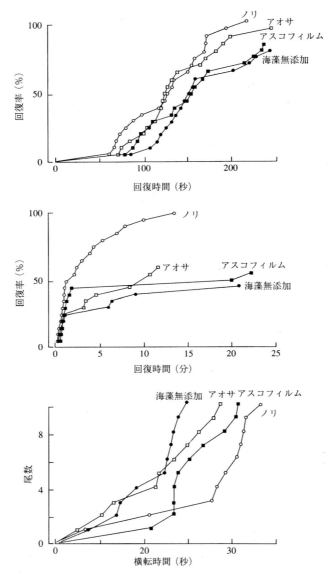

図7・6 マダイの肝機能,活力に及ぼす海藻の効果
上:0.1％2-フェノキシエタノールで30秒麻酔後,海水に戻してからの遊泳開始時間
中:5分間魚を乾出後,海水に戻してからの回復時間
下:酸素飽和水中に魚を密閉し,魚が横転するまでの時間

4）活　力

　過密飼育，取り扱い，溶存酸素不足，水の汚れ，栄養素のアンバランスなどによって生じたストレスが蓄積すると病気に対する抵抗力が弱まる．図7・6にマダイの肝機能，活力に及ぼす海藻投与の効果を示す．アルコール性麻酔薬で麻酔させた後新鮮な海水に戻して回復時間を比較すると，海藻を摂餌した魚では肝機能が高いため麻酔剤が素早く肝臓で排泄され覚醒が早い．魚を空気中に数分間放置して水に戻すと，海藻投与区は横転状態から早く回復して泳ぎだす．エアレーションなしで魚を長時間放置すると，海藻投与区は酸欠状態とはなりにくい．いずれの海藻を投与しても同様の結果が得られる．ストレス耐性など活力の向上には海藻投与クロダイ[38]，マダイ[42]や海藻成分の Dimethyl-β-propiothetin 投与ニジマス，キンギョ，コイでも認められている[43, 44]．

5）抗病性

　養殖業にとって魚の抗病性は最も関心の深い事項である．血液に細菌を加え白血球の食菌能を比較してみた．アオサ添加飼料を投与したクロダイでは白血球1個当たりの平均食菌数に差異はないが食菌率は高くなる．試験管に採ったマダイ血清にウサギ赤血球を加えると，アオサ投与マダイではウサギ血球を溶血させる補体活性が強い．また，アオサ投与マダイに細菌を注射して抗体を作らせると，免疫力が高まる．免疫後の顆粒球数には変化はないがリンパ球数が増加する[45]．大西洋サケでは海藻多糖類のアルギン酸添加飼料を投与して *Aeromonas salmonicida* で攻撃すると生体防御機能の補体活性が向上し死亡率が軽減する[46]．栄養性疾病では酸化油を投与して生じるテラピアのセコケ病がタマナシモクの添加によって防止されたとの報告がある．ハマチにマイワシを連続投与して起こる成長阻害，腎臓障害，血清過酸化脂質の増加を伴う疾病が 0.5 ％のコンブ粉末とビタミン剤の混合投与で防止でき肉質も向上した[47]．感染と発病の関係，実験設定，再現性など不明な点が多いので海藻投与の抗病性への有効性を養殖現場で証明することが今後の重要な課題である．

6）その他の効果

　アユ親魚に藻類を与えると卵質が向上したとの報告がある．海藻の多糖類によって飼料の展着性を高めて残餌を少なくする効果もある[48]．

2・3. 有効成分

飼料添加物としての藻類の有効性を支える可能性のある成分を考察してみる. 海藻には多くの生理活性物質の存在が明らかになっているが, 有効性の機構や作用部位については不明である. 海藻の活性物質が単独で効果を発揮している場合もあれば, 複数の成分による相乗効果も考えられる.

海藻はタンパク質源としては魚粉より劣るため, 配合飼料に海藻の量を増やすと成長は低下する. 海藻粉末の添加は 5 %程度であれば成長に影響はないが多いと成長が低下する.

1) カロテノイド

カロテノイドに生理活性のあることが明らかになっているので, 海藻の添加物としての有効性にも貢献している可能性もあろう.

2) ミネラル

海藻は海水中の元素の全てを吸収し濃縮して藻体内に蓄積している. 配合飼料のミネラル組成が悪いと抗病性の低下や代謝異常が生ずる. 海藻を配合飼料に添加することによりミネラルバランスの補正に役立っていると考えられるが証明はない. 配合飼料中のヨウ素は貯蔵中に失われるが, 海藻に含まれるヨウ素は安定である. 有機の形で含まれる多くのミネラルが体内に吸収された場合, 様々な効果が期待できる.

3) ビタミン

海藻にも種々のビタミンが含まれているが, 藻類のビタミンが有効であったとの報告はないので, 配合飼料に添加した海藻由来のビタミンの有効性は不明である. しかし, ビタミンと共存してビタミンの効果を誘導する相乗効果の可能性はある.

4) 多糖類

海藻に多量に含まれる食物繊維はヒトの大腸ガン予防や腸内細菌の活性化などの効果が常識となっている. 魚においても成長などに効果が認められている. 海藻の多糖類は魚の免疫能を向上させることが報告されており [46], 配合飼料の展着剤としての効果もあり, 成長によい効果を及ぼす [48].

5) その他の成分

海藻の有効性は食物繊維のみによるものではないことを報告している [49]. ア

オサエキスを配合飼料に添加してマダイに与えた実験で筋肉タンパク質量が増加する[50]. 磯の香りとして緑藻に多く含まれるジメチルサルファイドの前駆物質であるジメチル-β-プロピオテチンが魚の成長や遊泳力を増強させる[43, 44]. 海藻の生理活性成分としてレクチン, 抗酸化物質, 抗生物質, 抗腫瘍成分, 抗潰瘍成分, 抗ガン成分, リパーゼ阻害, 血圧降下, 血中コレステロール低下などの効果が哺乳類で認められている. 海藻の脂質, ローリンテノール系物質, ポリフェノールなどは抗酸化作用を有する. 海藻中の抗酸化成分がビタミン C代謝を改善すると考えれば, コラーゲン合成, 抗病性向上, 脂質代謝改善, ストレス耐性の向上などが説明できる. 海藻の有効性は生体内で作用する場合と腸管で作用する場合の双方が考えられる.

2・4 その他

海藻を飼料添加物として有効性を検討した実験では概して 3 ％以上を用いている. 海藻粉末の価格から経済性からみても添加量には限界がある. 添加量は魚の食性や魚種によっても異なると考えられ, 肉食性のハマチ（100〜200 g程度）では 0.5〜1 ％でも十分効果が得られる[9, 47]. 稚魚用飼料への添加も有効であることから 2 ％程度, 育成用飼料には 1 ％程度が使用されている.

現在, 飼料添加物として使用されている海藻は主として褐藻で, 北大西洋産アスコフィルム（*Ascophyllum nodosum*）, コンブ類（*Laminaria digitata, L. japonica, L. hyperborean, L. pallida*）, 南アフリカ産アラメ類（*Ecklonia maxima*）, チリ産レソニア（*Lessonia nigrescens, L. flavicanus*）などがある. ノルウェーでは持続的な収穫に配慮し, 4 年に 1 度のアスコフィルムの刈り取りが行われている.

微細藻類, 大型藻類の飼料添加物としての有効性については既報[51〜53]を参照されたい.

文　献

1）中川平介・笠原正五郎・宇野悦央・見奈美輝彦・明楽公男：養殖アユの坑病性に及ぼすクロレラ添加飼料の効果, 水産増殖, 29, 109-116（1981）.

2）中川平介・稲塚洋一朗・山崎繁久・平田八

郎・笠原正五郎：養殖ハマチに及ぼすクロレラエキス添加飼料の効果−Ⅰ. 成長および血液性状に及ぼす影響, 水産増殖, 30, 67-75（1982）.

3）中川平介・熊井英水・中村元二・笠原正五

郎：養殖ハマチに及ぼすクロレラエキス添加飼料の効果-Ⅱ. 血液性状からみた負荷（空気中放置）抵抗力への効果，水産増殖，30，76-83（1982）.

4）中川平介・笠原正五郎・宇野悦央・見奈美輝彦・明楽公男：養殖アユの血液性状，体成分に及ぼすクロレラエキス添加飼料の効果，水産増殖，30，192-201（1983）.

5）島松秀典：微細食用藻スピルリナの量産（上）. Bio Industry, 3, 377-383（1986）.

6）加藤敏光：スピルリナ，微細藻類の利用，山口勝巳編，恒星社厚生閣，1992，pp.32-44.

7）渡邊 武・廖 文亮・竹内俊郎・山本博敬：養殖シマアジの成長および脂質蓄積に及ぼすスピルリナの添加効果，J. Tokyo Univ. Fish. 77, 231-239（1990）.

8）中添純一・木村関男・横山雅仁・飯田 遙：飼料への藻類および脂質添加がメジナの成長および体成分に及ぼす影響，東海水研報，120，43-51（1986）.

9）中川平介・熊井英水・中村元二・笠原正五郎：養殖ハマチの血液・体成分に及ぼす藻類添加飼料の効果，日水誌，51，279-286（1985）.

10）廖 文亮・竹内俊郎・渡邊 武・山口勝巳：養殖シマアジの含窒素エキス成分および食味に及ぼすスピルリナの添加効果，J. Tokyo Univ. Fish. 77, 241-246（1990）.

11）山口勝巳・加藤英雄・村上昌弘・渡辺勝子・巣鴨章二・平野敏行・渡辺 武・山本敬博・吉田範秋・北島 力：養殖マダイの肉質と食味に及ぼすスピリリナ添加飼料の影響. 昭和62年度日本水産学会春季大会講演要旨集，p.45（1987）.

12）H. Nakagawa, S. Kasahara, A. Tsujimura and K. Akira : Changes of body composition during starvation in Chlorella-extract fed ayu. Nippon Suisan Gakkaishi, 50, 665-671（1984）.

13）Gh. R. Nematipour, H. Nakagawa, K. Nanba, S. Kasahara, A. Tujimura and K. Akira : Effect of Chlorella-extract supplement to diet on lipid accumulation of ayu. Nippon Suisan Gakkaishi, 53, 1687-1693（1987）.

14）Gh. R. Nematipour, H. Nakagawa, S. Kasahara, and S. Ohya : Effect of dietary lipid level and Chlorella-extract on ayu. Nippon Suisan Gakkaishi, 54, 1395-1400（1988）.

15）Md. G. Mustafa, T. Umino, H. Miyake, and H. Nakagawa : Effect of Spirulina sp. meal as feed additive on lipid accumulation in red sea bream. Suisanzoshoku 42, 363-369（1994）.

16）Md. G. Mustafa, T. Umino, and H. Nakagawa : The effect of Spirulina feeding on muscle protein in reference to carcass quality of red sea bream, Pagrus major. J. Appl. Ichthyol., 10, 141-145（1994）.

17）Gh. R. Nematipour, H. Nakagawa, and S. Ohya : Effect of Chlorella-extract supplementation to diet on in vitro lipolysis in ayu. Nippon Suisan Gakkaishi, 56, 777-782（1990）.

18）廖 文亮・山口勝巳・竹内俊郎・渡邊 武：スピルリナの極性脂質画分および γ－リノレン酸添加飼料のシマアジの脂質蓄積に及ぼす影響，平成2年度日本水産学会春季大会講演要旨集，p.39（1990）.

19）Md. G. Mustafa, T. Umino, and H. Nakagawa : Limited synergistic effect of dietary Spirulina on vitamin C nutrition of red sea bream Pagrus major. J. Mar. Biotechnol., 5, 129-132（1997）.

20）H. Nakagawa, Md. G. Mustafa, K. Takii, T. Umino, and H. Kumai : Effect of dietary catechin and Spirulina on vitamin C metabolism in red sea bream. Fish. Sci., 66, 321-326（2000）.

21）原子 保：スピルリナ飼料添加試験，昭和63年度青森県内水面水産試験場事業報告，

68-70 (1989).

22) K. Tanaka, T. Koga, F. Konisji, M. Nakamura, M. Mitsuyama, K. Himeno and K. Nomoto : Augmentation of host defense by a unicellular green alga, *Chlorella vulgaris*, to *Escherichia coli* infection. *Infection and Immunity*, **53**, 267-271 (1986).

23) K. Ibusuki and Y. Minamishima : Effect of *Chlorella vulgaris* extracts on murine cytomegalovirus infections. *Nat. Immun. Cell Growth Regul.*, **9**, 121-128 (1990).

24) T. Hasegawa, T. Tanaka, and Y. Yoshikai : The appearance and role of γ σ T cells in the peritoneal cavity and liver during primary infection with *Listeria monocytogenes* in rats. *Internat. Immunol.*, **4**, 1129-1136 (1992).

25) T. Hasegawa, Y. Yoshikai, M. Okuda, and K. Nomoto : Accelerated restoration of the leukocyte number and augmented resistance against *Escherihia coli* in cyclophosphamide-treated rats orally administered with a hot extract of *Chlorella vulgaris*. *Int. J. Immunopharmac.*, **12**, 883-891 (1990).

26) 佐野利彦：ラットの食餌性高脂血症に及ぼすクロレラの効果. 久留米医学会雑誌, **45**, 1130-1152 (1982).

27) Y. Yone, M. Furuichi, and K. Urano : Effect of wakame *Undaria pinnatifida* and *Ascophyllum nodosum* on absorption of dietary nutrients, and blood sugar and plasma free amino-N levels of red sea bream. *Nippon Suisan Gakkaishi*, **52**, 1817-1819 (1986).

28) K. Noda, N. Ohno, K. Tanaka, N. Kamiya, M. Okuda, T. Yadomae, K. Nomoto, and Y. Shoyama : A water-soluble antitumor glycoprotein from *Chlorella vulgaris*. *Planta Medica*, **62**, 423-426 (1996).

29) 尊田民喜・小薗祐子・中瀬浩治・福元祐二：クロレラ（単細胞緑藻, *Chlorella vulgaris*）の熱水抽出物からの抗酸化物質の分離. 永原学園・西九州大学・佐賀短期大学紀要, **23**, 1-10 (1993).

30) Md. G. Mustafa, T. Takeda, T. Umino, S. Wakamatsu, and H. Nakagawa : Effects of *Ascophyllum* and *Spirulina* meal as feed additives on growth performance and feed utilization of red sea bream, *Pagrus major. J. Fac. Appl. Biol. Sci., Hiroshima Univ.* **33**, 125-132 (1994).

31) Md. G. Mustafa, S. Wakamatsu, T. Takeda, T. Umino, and H. Nakagawa : Effect of algae as a feed additive on growth performance in red sea bream, *Pagrus major. Trace Nutri. Res.*, **12**, 67-72 (1995).

32) 許 波濤・山崎繁久・平田八郎：ヒラメ飼料に対するアナアオサ変異種の好適添加率, 水産増殖, **41**, 461-468 (1993).

33) 浜渦敬三・森岡克司・高木雅成・小畠渥：ブリの体色と肉質に及ぼす不稔性アオサ添加飼料の影響, 水産増殖, **47**, 89-95 (1999).

34) 浜渦敬三・山中弘雄：ブリに対する不稔性アオサ添加飼料の効果, 水産増殖, **45**, 357-363 (1997).

35) 天野秀臣・野田宏行：緑藻ヒトエグサ（*Monostroma nitidum*）添加飼料による養殖アユの体成分変化, 三重大水産学部研報, **12**, 147-154 (1985).

36) Y.-H. Yi and Y.-J. Chang : Physiological effects of seamustard supplement diet on the growth and body composition of young rockfish *Sebastes schlegeli. Bull. Korean Fish. Soc.*, **27**, 69-82 (1994).

37) H. Nakagawa, Gh. R. Nematipour, M. Yamamoto, T. Sugiyama and K. Kusaka : Optimum level of *Ulva* meal diet supplement to minimize weight loss during wintering in black sea bream

Acanthopagrus schlegeli. Asian Fish. Soc., **6**, 139-148 (1993).

38) 中川平介・笠原正五郎・杉山瑛之・和田功：クロダイに対するアオサ添加飼料の効果，水産増殖，**32**, 20-27 (1984).

39) H. Nakagawa, S. Kasahara, and T. Sugiyama : Effect of *Ulva* meal supplementation on lipid metabolism of black sea bream, *Acanthopagrus schlegeli* (Bleeker). *Aquaculture*, **62**, 109-121 (1986).

40) H. Nakagawa, and S. Kasahara : Effect of *Ulva* meal supplement to diet on the lipid metabolism of red sea bream. *Nippon Suisan Gakkaishi*, **52**, 1887-1893 (1986).

41) Md. G. Mustafa, S. Wakamatsu, T. Takeda, T. Umino, and H. Nakagawa : Effects of algae meal as feed additive on growth, feed efficiency, and body composition in red sea bream. *Fish. Sci.*, **61**, 25-28 (1995).

42) H. Nakagawa, T. Umino, and Y. Tasaka : Usefulness of *Ascophyllum* meal as a feed additive on red sea bream *Pagrus major. Aquaculture*, **151**, 275-281 (1997).

43) K. Nakajima : Effects of dimethyl-β-propiothetin on growth and thrust power of rainbow trout. *Nippon Suisan Gakkaishi*, **57**, 1603 (1991).

44) K. Nakajima : Effects of diet-supplemented dimethyl-β-propiothetin on growth and thrust power of goldfish, carp, and red sea bream. *Nippon Suisan Gakkaishi*, **57**, 673-679 (1991).

45) K. Satoh, H. Nakagawa, and S. Kasahara : Effect of *Ulva* meal supplementation on disease resistance of red sea bream. *Nippon Suisan Gakkaishi*, **53**, 1115-1120 (1987).

46) R. Nordmo, J. M. Holth, and B. O. Gabrielsen : Immunostimulating effect of alginate feed in Atlantic salmon (*Salmo salar* L.) challenged with *Aeromonas salmonicida. Molecular Mar. Biol. Biotech.*, **4**, 232-235 (1995).

47) 中川平介・熊井英水・中村元二・難波憲二・笠原正五郎：ハマチの栄養性疾病の予防に及ぼすコンブの投与効果，微量栄養素研究，**3**, 31-37 (1986).

48) R. Hashim, and N. A. M. Saat : The utilization of seaweed meals as binding agents in pelleted feeds for snakehead (*Channa striatus*) fry and their effects on growth. *Aquaculture*, **108**, 299-308 (1992).

49) Y. Yone, M. Furuichi, and K. Urano : Effect of dietary wakame *Undaria pinnatifida* and *Ascophyllum nodosum* supplement on growth, feed efficiency, and proximate composition of liver and muscle of red sea bream. *Nippon Suisan Gakkaishi*, **52**, 1465-1468 (1986).

50) 中川平介・笠原正五郎・西尾浩憲：マダイの血液性状・体成分に及ぼすアオサエキス添加飼料の効果，広島大学生物生産学部紀要，**22**, 85-93 (1984).

51) H. Nakagawa: Usefulness of *Chlorella*-extract on improvement of physiological condition of cultured ayu, *Plecoglossus altivelis* (Pisces). *Téthys*, **11** : 328-334 (1985).

52) 中川平介：養魚飼料への藻類添加効果（上，中，下），水産の研究，**9**, 52-56, 51-55, 31-37 (1990).

53) M. G. Mustafa, and H. Nakagawa : A review : Dietary benefits of algae as an additive in fish feed. *Israeli J. Aquaculture-Bamidgeh.* **47**, 155-162 (1995).

8. 微生物

中 野 俊 樹 *

　近年，家畜および養殖魚においては疾病の治療より予防の重要性が認識され，その予防機能の一端を日常摂取する飼料に求めようとしている．すなわち飼料に含まれる基本的な成分に加え，機能性を有する特殊成分（フードファクター）の効果に関心が持たれているのである．これら機能を有する飼料成分は医薬品に代わるものとして，天然物や微生物を中心にスクリーニングされており，安全性も比較的高いと考えられる．そこで魚類でも哺乳類で効果の認められたものを中心に投与され種々の生物活性が報告されているが，その活性発現のメカニズムについてはなお不明な点が多い．本稿では，赤色酵母 *Phaffia rhodozyma*（以下"ファフィア"と略す）のニジマスに対する効果に関しこれまでに筆者らが展開してきた研究と併せて，魚類におけるプロバイオティクスについて最近の知見を紹介する．

§1. ニジマスにおけるファフィアの効果

1・1　ファフィアの特徴

　色素を有する酵母としては *Cryptococcus*, *Rhodotorula* および *Sporidiobolus* 属などが知られ，そのカロテノイド組成は β - カロテンが主要成分とされる[1]．Phaff らは日本と北米の樹木から酵母を採取してカロテノイド組成を測定し，数種にアスタキサンチン（ASX）の存在を認めた[2,3]．特に，カバの樹液から分離したファフィアは一属一種の新種で，カロテノイド組成が他の有色酵母とは極めて異なり，遊離型の ASX が全カロテノイドの約 8 割以上を占め，それは乾重量の約 1 ％にも及んでいた[4,5]．さらにこのファフィアに特徴的なことは，ASX の光学異性体（3S・3'S, 3R・3'S および 3R・3'R）の中で天然物に由来する大部分のそれが 3S・3'S 体であるのに対し，このものでは 3R・3'R 体という点である[4,6]．最近では ASX を高レベルに含む

＊　東北大学大学院農学研究科

ファフィア変異株も作出・市販され，今後その用途の拡大が期待されている．

1・2 健常魚における効果[7~9]

カロテノイドは生物種に特徴的な色調を与えているが，魚類を始めとする動物はそれを *de novo* 合成できず，生体中のカロテノイドは，餌料に依存している[10, 11]．したがって，体色がその経済的価値を決定するサケ科魚類やニシキゴイなどでは，カロテノイドを含む物質を飼料に添加し体色および肉色を改善する試みがなされてきた[11]．この ASX 源の一つとしては，大量培養の容易さ，そして ASX 生産能の高さなどの理由によりファフィアも有望と思われる[6, 12, 13]．さらに酵母類は栄養に富み，各種微量成分，ヌクレオチド，さらに細胞壁には β(1, 3)-グルカンやマンナンを含んでいることから，ファフィアには ASX 以外の成分による生物活性も期待できる[6]．しかし，酵母の細胞壁は非常に強固であり，パン酵母の投与例と同じくそのままで養魚に与えても消化できず，ASX 類の吸収率は低いと考えられた[6, 12, 14, 15]．そこで手始めに，細胞壁の処理方法について検討してみた．ファフィア（ケイ・アイ化成（株）提供）に対し，① アルカリ処理（化学的処理）および ② アルカリ処理に加えミルで粉砕処理（化学的・物理的処理）を施して細胞の状態を検鏡したところ，①の処理により細胞壁の膨潤と歪みが，さらに ② の処理によりその部分的な破壊が認められた．それら処理酵母を投与すると肉色の改善が観察され，それは合成 ASX 投与区に匹敵し美しいサーモンピンクを呈した．なお飼料 ASX 含量に対する筋肉における ASX の蓄積率は，合成 ASX よりファフィアの方が高いと報告されている[6, 11]．次に健康に関する生化学的パラメーターを測定したところ，ASX（ファフィアまたは合成 ASX）投与区における比肝重値が低下しており，それはファフィア投与区において著しかった（図 8・1）．さらに肝機能の指標とされる血清の Aspartate aminotransferase（GOT）活性も ASX 投与区において低かった．比肝重量は飼料組成で変動することが知られているが[16]，本実験では基本的飼料組成は試験区間で一定である．また魚類では ASX の投与により，肝臓の組織化学的性状が改善されることも認められている[17]．すなわち比肝重量の低下は肝臓の傷害や機能不全に由来する病的な"萎縮"ではなく，正常な状態を維持したままでその負担が軽減された結果で

あると推察される．また生体における酸化的なストレス状態を反映する血清過酸化脂質のレベルは，ASX の投与により低下することが分かった．さらにそれらの投与区では，血漿，赤血球および肝臓における α‐トコフェロールの含量が上昇していた．つまりファフィアに含まれる ASX などの抗酸化成分がα‐トコフェロールの消費を抑え，併せて生体内の酸化を抑制したものと考えられる．さらにこの α‐トコフェロール自身にも魚類に対して種々の生物活性が報告されている[18, 19]．

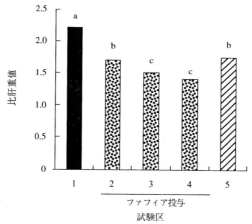

試験区　1：対照，2：未処理ファフィア，3：アルカリ処理ファフィア，
　　　　4：アルカリ＋ミル処理ファフィア，5：合成 ASX
異符号間に有意差あり（$p < 0.05$）

図8・1　ニジマスの比肝重値におよぼすファフィアと合成 ASX の影響

1・3　酸化的ストレスを受けた魚における効果[8, 20]

1・2 においてファフィアは，酸化的ストレスを軽減させる活性を有することが示唆されたので，酸化油を与え生体内で人為的に酸化的ストレスを惹起した場合について検討した．血清の GOT および Alanine aminotransferase（GPT）活性はストレスによりいずれも上昇し，肝細胞が傷害を受けていることが示唆された．さらに血清における中性脂質，総コレステロールおよびリン脂質レベルの増大も認められた．一方ファフィアを投与することで，増大したそれら活性と脂質レベルはいずれも低下した．酸化油には細胞毒性を示す物質が含まれ

ており，これらは肝臓に蓄積し傷害を与えることが知られている[21, 22]．またASXは魚類細胞において，酸化的ストレスによる膜傷害および細胞死を効果的に抑制することが認められている[23]．つまり酸化油により肝細胞は傷害を受け脂質代謝機能が乱されるが，それらをファフィアが改善したと思われる．図8・2に示すとおりストレス下では血清過酸化脂質レベルの著しい増大が認められ，生体内酸化の進行が窺われた．しかし増大した過酸化脂質含量は，ファフィアの投与によって低下し，それは筋肉においても同様であった．既述のごとくファフィアは組織におけるα-トコフェロールレベルを上昇させることから，ファフィアに由来する活性成分やニジマス生体内の酵素的および非酵素的抗酸化成分[9, 24, 25]などが相乗的に働いて組織およびリポタンパク質などの酸化を抑制し，ストレスによって乱された循環系を正常化するものと推察される．

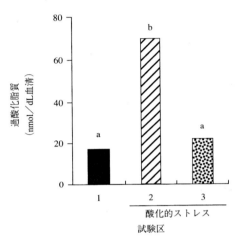

試験区　1：対照，2：酸化油，3：酸化油＋ファフィア
異符号間に有意差あり（$p < 0.05$）

図8・2　ニジマスの酸化的ストレスに及ぼすファフィアの影響

1・4　稚魚における効果[26]

1・2および1・3よりファフィアは，ニジマス成魚に対しいくつかのポジティブな生物活性を有することが示された．しかし，稚魚に対する効果については不明であった．そこで稚魚にファフィアを投与したところ，その肝臓における脂質過酸化感受性の低下することが分かった（図8・3）．さらにファフィア投与区では肝臓α-トコフェロールレベルが上昇することも明らかとなり，これは成魚の結果と一致した．一般に稚魚は筋肉にASXを蓄積できないといわれ[27]，本研究でもASXは検出されなかった．したがって本結果は，ファフィアに含まれる抗酸化的な有効成分が体内に取り込まれ代謝される過程で，組織脂質の

安定性が向上することを示唆している.

以上の一連の研究より,ファフィアがニジマスにおける抗酸化的防御ポテンシャルを向上させ,さらに健康を維持・増進させるなどの効果を有することが明らかとなった.そしてこれらには"スーパービタミンE"といわれる極めて高い抗酸化活性を有する ASX を中心に[28],複数の成分が関与していると推察される.魚類におけるカロテノイドお

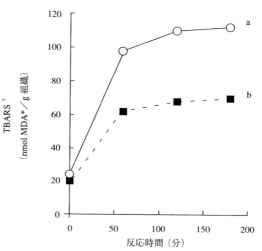

試験区 ──○── : 対照 －■－ : ファフィア
[†]TBARS：TBA反応性物質, *MDA：マロンジアルデヒド
異符号間に有意差あり（$p<0.05$）

図8・3　ニジマス稚魚肝臓の脂質過酸化感受性に及ぼすファフィアの影響

よびファフィアの生物活性についての情報は,未だ十分とはいえない[6, 29〜33].ファフィアに含まれる活性本体の生体内における動態,有効濃度および働く場の環境など解明を要する課題も残されているが,本結果より健魚を育成するためのファフィアの新たな利用意義および可能性の一端を提供できたものと考える.

§2. プロバイオティクス
2・1　プロバイオティクス類の定義

一般にプロバイオティクス（Probiotics）とは畜産分野で使われだした言葉であり,Fuller によって「宿主である家畜の腸内細菌叢（フローラ）のバランスを改善することで,宿主にとって良い生理効果をもたらすような生きている微生物を含む食品添加物」とされた[34].

現在では「生菌または死菌とその代謝産物を含み,粘膜における微生物や酵素活性の改善および免疫能増大の機能を有するもの」とされ,乳酸菌,納豆菌および酪酸菌などの生菌やヨーグルトなどの発酵乳が含まれる[35, 36].またヒト

を中心に近年研究が盛んに行われている「機能性食品」には，その作用メカニズムの違いからこのプロバイオティクス以外に"プレバイオティクス (Prebiotics)"と"バイオジェニクス (Biogenics)"のカテゴリーがある[35, 36]．プレバイオティクスは「腸管内に棲むビフィズス菌などの有用細菌（善玉菌）の増殖を促進し，その一方で有害細菌（悪玉菌）の増殖を抑制し，腸内環境を改善する難消化性の食品成分」で，オリゴ糖（フラクトオリゴ糖，キシロオリゴ糖，大豆オリゴ糖，ガラクトオリゴ糖など）や食物繊維（ポリデキストロース，小麦ふすま，グアーガム分解物，アルギン酸ナトリウムなど）およびプロピオン酸菌による乳清発酵物（Bifidogenic Growth Stimulator, BGS）などがこれに含まれる．またこのプレバイオティクスとプロバイオティクスのいずれをも含むものを"シンバイオティクス (Synbiotics)"と呼ぶこともある[36]．一方バイオジェニクスは「腸内細菌の関与なしに直接生体に働き，免疫能を賦活し生体の抵抗力を高めたり，コレステロールや血圧を低下させたりする他，抗腫瘍および抗血栓作用などの生体調節，疾病および老化の防止に効果のある食品成分」で，生理活性ペプチド，植物ポリフェノール，ビタミン，カロテノイドおよび高度不飽和脂肪酸などヒトにおける生活習慣病の予防に有効と考えられる成分が含まれている．これらプロバイオティクス類の関係をそれぞれの作用メカニズムと機能を中心に図8・4にまとめる[35, 37]．すなわちプロバイオ

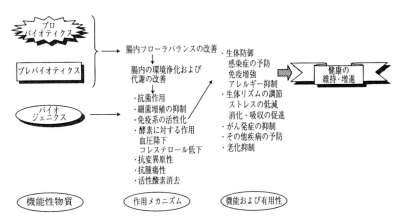

図8・4　プロバイオティクス類が示す機能とその作用メカニズム（光岡[35]および北澤・齋藤[37]を改変）

ティクスおよびプレバイオティクスは，腸内フローラを介し腸内環境を整える
ことで生体調節機能を発現し，一方バイオジェニクスは，直接生体に働いて
種々の生理効果を発揮する有効成分ということができる．

2・2　水産分野における利用

表8・1に示すように畜産用プロバイオティクスとして用いられる主な菌種
は，ラクトバチルスに代表される通性嫌気性の乳酸菌（Lactic acid bacteria,
略して"LAB"と呼ばれる），好気性の枯草菌および納豆菌そして偏性嫌気性
の酪酸菌およびビフィズス菌に分類される[38, 39]．実証的データが数多く蓄積さ
れている畜産分野に比べ，水産分野におけるプロバイオティクスの有効性に関す
る科学的なデータは少なく，残念ながら研究は端緒を得た段階と思える[38~43]．
一般的に哺乳類とは異なり魚類の腸管には有効かつ特徴的な細菌群が少なく，
自然状態で栄養および健康面における腸内細菌の関与は低く，外部環境から経
口的に侵入する細菌類の影響を受け易いと考えられている[38]．したがって魚類
におけるプロバイオティクスの効果としては，① 経口的に侵入した細菌の排除
による感染防御，② 消化および吸収の改善による飼料効率・増重率の向上，
③ 健康の維持による斃死率の低下などがあげられ，国内でも複数のメーカーよ
り有効と考えられる菌種を混合したプロバイオティクス製剤が販売されている

表8・1　市販されている主なプロバイオティクス製剤　（田中[37]を改変）

種　名	慣用名	芽胞形成	商品名（発売元）
バチルス・セレウス　トヨイ*	—	有	トヨセリン（旭化成工業）
バチルス・セレウス　CTP5832	—	有	パシフロール（住友製薬）
バチルス・サブチルス　BN	納豆菌	有	グローゲン9（エーザイ）
バチルス・サブチルス　C-3102	枯草菌	有	カルスポリン（カルビス食品）
クロストリジウム・ブチリカム　ミヤイリ	酪酸菌	有	ミヤイリ菌（日本化薬）
ビフィドバクテリウム・サーモフィラム　SS-4	ビフィズス菌	無	コロラックB（日清製粉・協和発酵）
ビフィドバクテリウム・シュードロンガム　GSL-3	ビフィズス菌	無	ゲニソン66（ゲンコーポレーション）
ビフィドバクテリウム・サーモフィラム　chN-118	ビフィズス菌	無	（日清製粉・協和発酵）
ラクトバチルス・サリバリウス　chN-426	乳酸菌	無	
ラクトバチルス・アシドフィルス　LAC-300	乳酸菌	無	（森永乳業）
ラクトバチルス・アシドフィルス　M-13	乳酸菌	無	ビオフェルミン（武田薬品）
エンテロコッカス・フェシウム　129-BIO-3B	乳酸菌	無	
エンテロコッカス・フェシウム　BIO-4R	乳酸菌	無	バランドール（コーキン化学）
エンテロコッカス・フェシウム　ATCC-19434	乳酸菌	無	ラクトサック（三井物産）
ラクトバチルス・アシドフィルス　ATCC-33199	乳酸菌	無	

＊養殖水産動物用飼料添加物として指定

（表8・1）．わが国では畜産用プロバイオティクスとして二十数種類が飼料添加物の指定を受け，その中でバチルス・セレウスが水産用として正式に認可されている．飼料添加物は農業資材審議会の意見に基づき農水大臣によって指示されるが，本菌は"飼料が含有している栄養成分の有効な利用の促進"という用途のカテゴリーに，着香料，呈味料および酵素と共に"生菌剤"として登録されている（農水省令：平成14年4月改定）．

2・3　バチルス・セレウスの投与例[38]

バチルス・セレウス・トヨイ株（商品名：トヨセリン）の主な効果としては前節 ①〜③ に加え，投与菌の腸管到達率が高いこと，非抗菌性で体内における残留問題がないこと，そして長期投与期間中も安全かつ安定していることなどが考えられている．さらに本種は胞子を形成するため，酸，アルカリおよび熱に対して強く，加工および保存中の安定性に優れている（"芽胞製剤"と呼ばれる）．実際本菌をブリに投与したところ，平均体重および増肉係数が改善され，一方で斃死率の低下が認められている．またシラスウナギの場合も，ブリと類似の傾向にあった．これらの効果は本来腸管内にほとんど存在していなかった本菌が増殖したことで，宿主の消化・吸収状態を改善し，さらに健康を増進させた結果と理解される．

2・4　乳酸菌の投与例

乳酸菌は健常魚の消化管にも見出され，そのうちのいくつかの種は特異的な抗菌性ペプチド・バクテリオシンおよびD / L‐乳酸などの有機酸などを産生することで，魚類病原菌に対し抗菌作用を示すことが知られている[40, 44]．さらに哺乳類では乳酸菌染色体のDNAモチーフ（断片）が，宿主の免疫機能を活性化することが明らかにされつつある[36, 37]．そして最近になって魚類においてもDNAモチーフが，前述のような効果を発揮すると報告されている[45]．また，ヒトにもプロバイオティクスとして使用されるラクトバチルス・ラムノサス・ATCC 7469 株をニジマスに投与したところ，腸内フローラに占める本菌の割合が投与日数に応じて増加し，非特異的な生体防御因子（血中リゾチームおよび頭腎由来白血球の貪食能）の活性が上昇することが認められている[46]．すなわち，本プロバイオティクスが哺乳類において報告されているのと同様，ニジマスの生体防御能にも影響を及ぼすことが示唆され興味がもたれる[41, 47, 48]．さ

らに，重要な養殖対象魚種の幼生および稚魚に対するプロバイオティクスの影響についても報告がなされている[42, 43]．例えば，ラクトバチルスとカルノバクテリウムの混合，またはカルノバクテリウムを turbot および Atlantic cod の幼生にそれぞれ投与すると，ビブリオ攻撃に対する抵抗性が高まるといわれる[49, 50]．しかし，大西洋サケおよびニジマス稚魚における同様の実験では投与効果が一定しておらず，魚類を対象にしたプロバイオティクスに関する実験の難しさを考えさせられるとともに，本研究のさらなる検討が望まれる[51, 52]．

§3. 今後の展望

水産分野における微生物の活用について概説したが，本章で取り上げ効果の認められた物質の多くが天然成分であることから安全と考えられ，これらの事例は養殖魚類においても"医食同源"という概念の重要性を認識させる．そしてプロバイオティクス療法は，ワクチンと同様に感染症の治療ではなく予防にその目的がおかれ，病原菌を直接叩く抗生物質のように耐性菌の出現や日和見感染を招く心配も少ない．すなわち，即効性はないものの腸内フローラという"細菌のエコシステム"を利用した非常にマイルドなサプリメント療法といえよう[53]．しかし実際の養殖現場では，いわゆる民間療法的かつ科学的な根拠に乏しい種々の添加物が利用されていることも事実である．このような添加物の中にも再現性よく効果の認められるものも少なくはない．したがって今後は，現場の声（体験談）も大切にしつつ，様々な養殖条件下における微生物製剤の有効性，安全性および作用メカニズムに関する実証的かつ科学的なデータを蓄積・解析していくことで，その中から魚とそれを食べる我々ヒトおよび環境にとって"やさしい"21世紀型新規水産用製剤が創成されるものと期待している．

文　献

1) K.L. Simpson, C.O. Chichester, and H.J. Phaff : Carotenoid pigments of yeast. *In* "The Yeasts" (ed. by A.H. Rose and J.S. Harrison), Academic Press, 1971, pp. 493-515.

2) H.J. Phaff, M.W. Miller, M. Yoneyama , M. Soneda : A comparative study of the yeast florae associated with trees on the Japanese Islands and on the west coast of North America. *Proc. IVIFS Ferment.*

Tech. Today, 759-774 (1972).

3) H.J. Phaff : My life with yeasts. *Ann. Rev. Microbiol.*, **40**, 1-28 (1986).

4) A.G. Andrewes, H.J. Phaff, and M.P. Starr : Carotenoids of *Phaffia rhodozyma*, a red-pigmented fermenting yeast. *Phytochemistry*, **15**, 1003-1007 (1976).

5) E.A. Johnson, and M.J. Lewis : Astaxanthin formation by the yeast *Phaffia rhodozyma. J. Gen. Microbiol.*, **115**, 173-183 (1979).

6) A. Tangeras and E. Slinde : Coloring of salmonids in aquaculture : the yeast *Phaffia rhodozyma* as a source of astaxanthin. *In* " Fisheries Processing : Biotechnological Applications" (ed. by A.M. Martin), Chapman & Hall, 1994, pp. 391-431.

7) T. Nakano, M. Tosa, and M. Takeuchi : Improvement of biochemical features in fish health by red yeast and synthetic astaxanthin. *J. Agric. Food Chem.*, **43**, 1570-1573 (1995).

8) 中野俊樹・冠 智昭・和澤美歩・三浦美幸・竹内昌昭：ニジマスにおける赤色酵母 *Phaffia rhodozyma* および合成アスタキサンチンの生物活性. ビタミン, **71**, 545-546 (1997).

9) 中野俊樹・竹内昌昭：魚類と活性酸素の係わり. 養殖, **34** (4), 77-80 (1997).

10) 秦 正弘：魚介類の色素とその代謝. 水産生物化学 (山口勝己編), 東京大学出版会, 1991, pp.102-116.

11) 森 徹：養殖魚の体色改善. 海洋生物のカロテノイド (幹 渉編), 恒星社厚生閣, 1993, pp.59-68.

12) E.A. Johnson, T.G. Villa, and M.J. Lewis : *Phaffia rhodozyma* as an astaxanthin source in salmonid diets. *Aquaculture*, **20**, 123-134 (1980).

13) D. Higgs, E. Donaldson, B. Dosanjh, E.A. Chambers, M. Shamaila, B. Skura, and T.

Furukawa : The case for Phaffia. *North. Aquaculture.*, March / April, 20-24 (1995).

14) A. Gentles, and N.F. Haard : Pigmentation of rainbow trout with enzyme-treated and spray-dried *Phaffia rhodozyma. Prog. Fish. Cult.*, **53**, 1-6 (1991).

15) G.L. Rumsey, S.G. Hughes, R.R. Smith, J.E. Kinsella, and K.J. Shetty : Digestibility and energy values of intact, disrupted and extracts from brewer's dried yeast fed to rainbow trout (*Oncorhynchus mykiss*). *Animal Feed Sci. Technol.*, **33**, 185-193 (1991).

16) 尾崎久雄：魚類生理学講座 3, 緑書房, 1971, pp.97-120.

17) H. Segner, P. Arend, K. von Poeppinghausen, and H. Schmidt : The effect of feeding astaxanthin to *Oreochromis niloticus* and *Colisa labiosa* on the histology of the liver. *Aquaculture*, **79**, 381-390 (1989).

18) 竹内昌昭：ビタミン E の水産分野への応用. ビタミン E‐基礎と臨床‐ (五十嵐脩編), 医歯薬出版, 1985, pp.549-552.

19) 渡邊 武：魚類養殖とビタミン E. ビタミン, **39**, 299-306 (1990).

20) T. Nakano, T. Kanmuri, M. Sato, and M. Takeuchi : Effect of astaxanthin rich red yeast (*Phaffia rhodozyma*) on oxidative stress in rainbow trout. *Biochim. Biophys. Acta*, **1426**, 119-125 (1999).

21) K. Hata, K. Fujimoto, and T. Kaneda : Absorption of lipid hydroperoxides in carp. *Bull. Japan. Soc. Sci. Fish.*, **52**, 677-684 (1986).

22) 金沢和樹：リノール酸自動酸化産物の肝毒性の解明. 日本栄養・食糧学会誌, **43**, 1-15 (1990).

23) T. Nakano, T. Yamaguchi, M. Sato, N. Basu, and G.K. Iwama : Current topics regarding fish in aquaculture: stress responses of fish and action of

carotenoids in stress. *Proc. 5ᵗʰ JSPS-DHGE Int. Seminar*, 89-94 (2003).

24) 中野俊樹：魚類はどのように活性酸素のストレスから身を守っているのか. 化学と生物, 33, 770-771 (1995).

25) 中野俊樹・竹内昌昭：魚類と活性酸素の係わり. 養殖, 34 (2), 69-73 (1997).

26) T. Nakano, Y. Miura, M. Wazawa, M. Sato, and M. Takeuchi： Red yeast *Phaffia rhodozyma* reduces susceptibility of liver homogenate to lipid peroxidation in rainbow trout. *Fish. Sci.*, 65, 961-962 (1999).

27) T. Storebakken, and H.K. No： Pigmentation of rainbow trout. *Aquaculture*, 100, 209-229 (1992).

28) 幹 渉：生物活性研究の現状. 海洋生物のカロテノイド（幹 渉編）, 恒星社厚生閣, 1993, pp.80-86.

29) 松藤隆男・幹 渉：動物におけるカロテノイドの生理機能と生物活性. 化学と生物, 28, 219-227 (1990).

30) 伊藤良仁：商業利用. 海洋生物のカロテノイド（幹 渉編）, 恒星社厚生閣, 1993, pp.69-79.

31) S.P. Meyers： The biological/nutritional role of astaxanthin in salmonids and other aquatic species. *Proc. 1ˢᵗ Inter. Symp. Nat. Colors Foods Nutrac. Bev. Conf.*, 7-10 (1993).

32) S.P. Meyers： Developments in world aquaculture, feed formulations, and role of carotenoids. *Pure Appl. Chem.*, 66, 1069-1076 (1994).

33) G.W. Sanderson and S.O. Jolly： The value of *Phaffia* yeast as a feed ingredient for salmonid fish. *Aquaculture*, 124, 193-200 (1994).

34) R. Fuller： Probiotics in man and animals. *J. Appl. Bact.*, 66, 365-378 (1989).

35) 光岡知足：健康長寿のための食生活, 岩波書店, 2002, pp.87-134.

36) 北澤春樹：乳業用乳酸菌と免疫修飾因子. 21 世紀の栄養・食糧科学を展望する（安本教傳・大類 洋・大久保一良編）, 日本食品出版, 1999, pp.26-35.

37) 北澤春樹・齋藤忠夫：乳酸菌からの免疫活性 DNA モチーフの発見と "生体防御食品" への応用. 日農化誌, 76, 833-836 (2002).

38) 田中裕教：生菌剤（Probiotics）. 養殖, 臨時増刊, 145-148 (2000).

39) J. Nousiainen, and J. Setala：Lactic acid bacteria as animal probiotics. *In* "Lactic Acid Bacteria"（ed. by S. Salminen and A.von Wright）, Marcel Dekker Inc., 1998, pp. 437-473.

40) E. Ringo, and F.J. Gatesoupe： Lactic acid bacteria in fish: a review. *Aquaculture*, 160, 177-203 (1998).

41) F.J. Gatesoupe：The use of probiotics in aquaculture. *Aquaculture*, 180, 147-165 (1999).

42) B. Gomez-Gil, A. Roque, and J.F. Turnbull： The use and selection of probiotic bacteria for use in the culture of larval aquatic organisms. *Aquaculture*, 191, 259-270 (2000).

43) J.A. Olafsen： Interactions between fish larvae and bacteria in marine aquaculture. *Aquaculture*, 200, 223-247 (2001).

44) 田中大智・岩村恭直・萩 達朗・星野貴行：魚類のプロバイオティクスの開発－コイ消化管内乳酸菌叢の年間変移－. 日本農芸化学会平成 15 年度大会講演要旨集, 193.

45) J.B. Jorgensen, A. Johansen, B. Stenersen, and A.-I. Sommer： CpG oligodeoxynucleotides and plasmid DNA stimulate Atlantic salmon（*Salmo salar* L.）leucocytes to produce supernatants with antiviral activity. *Dev. Comp. Immunol.*, 25, 313-321 (2001).

46) A. Panigrahi, V. Kiron, T. Kobayashi, S.

Satoh, H. Sugita, and E. Watanabe： Initial observations on probiotic supplementation of *Lactobacillus rhamnosus* in rainbow trout. 平成 15 年度日本水産学会春季大会講演要旨集, 140.

47) S. Salminen, M.A. Deighton, Y. Benno, and S.L. Gorbach： Lactic acid bacteria in health and disease. *In* " Lactic Acid Bacteria" (ed. by S. Salminen and A.von Wright), Marcel Dekker Inc., 1998, pp. 211-253.

48) E. Isolauri, E. Salminen and S. Salminen： Lactic acid bacteria and immune modulation. *In* "Lactic Acid Bacteria" (ed. by S. Salminen and A.von Wright), Marcel Dekker Inc., 1998, pp. 255-268.

49) F.J. Gatesoupe： Lactic acid bacteria increase the resistance of turbot larvae, *Scophthalmus maximus*, against pathogenic vibrio. *Aqu. Liv. Res.*, 7, 277-282 (1994).

50) A. Gildberg, H. Mikkelsen, E. Sandaker, and E. Ringo： Probiotic effect of lactic acid bacteria in the feed on growth and survival of fry of Atlantic cod (*Gadus morhua*). *Hydrobiologia*, 352, 279-285 (1997).

51) A. Gildberg, A. Johansen, and J. Bogwald： Growth and survival of Atlantic salmon (*Salmo salar*) fry given diets supplemented with fish protein hydrolysate and lactic acid bacteria during a challenge trial with *Aeromonas salmonicida. Aquaculture*, 138, 23-34 (1995).

52) P.A.W. Robertson, C. O'Dowd, C. Burrells, P. Williams, and B. Austin： Use of Carnobacterium sp. as a probiotic for Atlantic salmon (*Salmo salar* L.) and rainbow trout (*Oncorhynchus mykiss*, Walbaum). *Aquaculture*, 185, 235-243 (2000).

53) 古賀泰裕：*H. pylori* 感染症に対するプロバイオティクス LG21 の開発. 日農化誌, 76, 824-826 (2002).

IV. 健全性への応用と今後の課題

9. 健全性

キロン ヴィスワナス・舞田正志 *

　消費者の食品に対する安全性への関心が高まりつつある中で，養殖魚の安全性に対する消費者の危惧は主として魚病発生時の水産用医薬品の投与にある．そのため，魚病発生を予防的対策によって抑制することが重要である．養殖魚の感染症は，病原体，宿主，環境の 3 要因の相互関係で発生するという概念が確立されており [1]，宿主（養殖魚）の抗病性の低下や環境要因が直接的な引き金となって発生することが多い．様々な栄養素は免疫担当細胞に直接，あるいは，代謝系，神経系，内分泌系を通して間接的に免疫反応に変化をもたらすことから [2]，適切な飼料は魚類の健康や抗病性を維持するうえで必要であると認識されている [3]．栄養素の含有量，給餌方法の改善あるいは免疫増強剤の添加など，給餌管理による免疫応答の調節を行うことは，養殖魚の健全性を向上させることにつながり，さまざまな養殖魚種において予防的魚病対策になりえると考えられる．

§1. 養殖魚の健全性と栄養学的研究

　ヒトの健康は「肉体的・精神的に健全な状態で，あらゆる疾病・苦痛・欠損から解き放たれている」ことと定義されているが，養殖魚の健全性（健康）については，明確に定義がなされていない．一般的には「外見的に異常がなく，感染症に罹っていないこと」と理解されるが，病原体が常在している場合や環境要因の変動を制御できない養殖生産の現場では，外見的に正常でも養殖魚の感染症に対する抵抗性が低下している状態は，感染症発生のリスクが高く健康であるとはいえないであろう．なお，外見的に正常であるとは，外傷や体色の変動がなく，異常な行動がみられず，正常

---
* 東京水産大学

に摂餌し成長している状態を指す.

　魚類の栄養免疫あるいは抗病性という観点からの栄養学的研究は，新しい研究分野である．低栄養やある種の栄養欠陥によって免疫系の機能不全が引き起こされると考えられている[4]．ヒトや家畜に比べると，魚類の栄養と免疫に関する知見はかなり立ち後れているといわざるをえない．従来，魚類の栄養と健康との関連は，主として欠乏症や過剰症のほか，酸化油やアフラトキシンなどの中毒を含めた栄養性疾病としてとらえられてきた．この分野の研究は，古くは1961年に行われた大西洋サケにおけるビタミンAレベルと原生動物の寄生率との関係を調べたものがある[3]．その後，1989年から1999年までの間にいくつかの総説が発表されている[3, 4, 6~8]．

　単一の栄養素の要求量は魚のサイズや成長で評価されるが，生殖能力や健康状態によっても評価することができる．しかし，栄養素以外にも，環境要因やさまざまなストレス，遺伝的な要因は魚類の健康に影響を及ぼす[9, 19]．図9・1に飼料中の栄養素量と魚類の健康との関係についての概念を示した．飼料にある栄養素が過小にあるいは過剰に添加されている状態では魚の健康を損なうが，安全域内での添加は魚類の健康という点で，最適な利益をもたらすことになる．

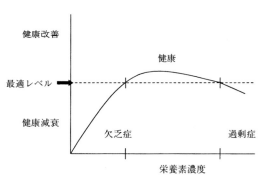

図9・1　飼料中の栄養素と魚類の健全性との関係を示す概念

図に示した曲線は，単一の栄養素を考慮したものであり，魚の飼育環境や成長段階，複数の栄養素の相互作用を考慮すれば，最大の効果をもたらす最適な添加量は変動すると考えられる[11]．

　栄養バランスの悪い飼料や環境ストレスによって，摂餌量が低下し栄養状態が悪化する場合がある．養殖魚は我々の給与する餌しか口にすることはできないので，飼料中に含まれる特定の栄養素の欠乏は養殖魚にさまざ

まな欠乏症をもたらすが，現在，配合飼料を使用している限りにおいては必須栄養素の欠乏症はほとんど発生することはなくなった．しかし，消化管の物理的な損傷や寄生虫，飼料の物性に起因する栄養素の吸収率低下，魚の年齢やサイズによる栄養要求の変化などによって栄養状態の悪化や特定の栄養素の不足は起こりうると考えられる．このような養殖魚の総体的な栄養状態の悪化は抗病性の低下を招くことが指摘されている[7]．栄養欠乏は感染症に対する感受性を高めたり，生残率を低下させたりすることは明らかである．哺乳類では，明確な栄養欠乏症状を呈する前に，さまざまな免疫機能が低下することが示されている[12]．実際の養殖現場では，このような欠乏症と正常の境界領域でさまざまな問題が起こっているのではなかろうか．

§2. 養殖魚の健全性とその評価法

前項で述べた養殖魚の健全性を飼料中の栄養素の改善によって維持することを目的とした研究を行うには，養殖魚の健全性を適切に評価する方法を確立する必要がある．実験室レベルでは，さまざまな検査法を用いることが可能であり，さまざまな診断指標の測定と標準化された負荷試験とを組み合わせて行うことが最も有効な評価方法であろう[13, 14]．しかし，個々の栄養素の有効性が確認され予防的な魚病対策として応用していくうえでは，診断方法の感度や精度はもちろんのこと，簡便性・迅速性，さらには経済性も求められる．

養殖魚の健全性評価技法として，大きく分けると形態学的検査法，血液学的検査法，免疫機能検査法がある．

2・1 形態学的検査

養殖魚の外部所見または内部所見観察によって，健全性を評価することは簡便性・迅速性，経済性という点から大きな利点がある．Novotny and Beeman[15] は，Goede[16] の観察所見を指数化する方法によってマスノスケの健康診断を行うシステムについて報告している．飼育密度が高くなると胸腺や腹腔内脂肪の異常率が上昇することを見ている．養殖魚の外部および内部観察は重要な診断方法の一つであるが，魚の抗病性という観点からは，

必ずしも明確な関連があるとはいえず，観察所見には主観的な部分もある
ため，感度や精度という点では問題がある．

2・2　血液学的検査

　血液学的検査としては，ヘマトクリット値，ヘモグロビン量，赤血球数
などを測定し赤血球恒数を求めるほか，血漿中のさまざまな化学成分や酵
素活性を測定することも行われている[17]．ヘマトクリット値，ヘモグロビ
ン量，赤血球数などの測定から，養殖魚が貧血になっているかどうかを知
ることができる．養殖魚の貧血と栄養との関連は，葉酸欠乏による大球性
貧血や鉄欠乏による小球性低色素性貧血などが知られているほか，マダイ
などの低水温期における低栄養性貧血などの報告がある．明らかな欠乏症
や無摂餌による低栄養性貧血など以外にも，鰓寄生虫による失血性貧血や
ウィルス感染症による溶血性貧血などがある．筆者らは，無魚粉飼料を給
餌したブリの抗病性を調べたところ，レンサ球菌による感染実験での死亡
率がヘマトクリット値と最も関連が強いという結果を得ている（舞田ら，
未発表）．Novotny and Beeman[18]も明らかな感染症の発病がない魚群でもヘ
マトクリット値で魚の健康状態の悪化を検出できるとしている．養殖魚の
貧血は，それ自体で大量斃死が起こることは少ないが，二次的な細菌感染
症による大量斃死の可能性が指摘されており，健全性評価の重要な指標と
いえる．ヘマトクリット値，ヘモグロビン量，赤血球数の測定方法は確立
され，また，自動測定装置なども一定の条件が満たされれば応用が可能で
あるため，簡便性・迅速性および精度などの観点から推奨される検査法と
いえる．

　血漿化学成分の測定は，市販の臨床検査用キットや自動測定装置を応用
することで可能であり，簡便性・迅速性および精度が保証できる検査法で
ある．多くの場合，ヘマトクリット値などと併せて測定されている．筆者
らが，養殖魚の健全性評価に有用な指標と考えているのは，総タンパク質，
尿素窒素，ブドウ糖，アルカリ性ホスファターゼ（ALP），Aspartate
aminotransferase，Alanine aminotransferase，総コレステロール，トリグリセ
リドなどである．これらのうちで，総タンパク，尿素窒素，ブドウ糖，総
コレステロール，トリグリセリドは栄養状態の指標となる．各測定指標の

変動傾向は栄養状態悪化の進行状況により異なり，たとえば，摂餌量の低下によって初期には総コレステロールやトリグリセリドは低下するが，脂肪組織からの動員が起こり，血漿中のトリグリセリドは徐々に増加に転じる．さらに，無摂餌の状態が続くと総タンパク質やブドウ糖などが低下し，尿素窒素は体タンパクの崩壊により上昇する．このように，いくつかの成分を同時に測定することによって，栄養状態のステージまでをも判断できる可能性がある．表9·1 および図9·2 に，ブリに同一配合で同一の製造方法で作製した無魚粉 EP 飼料を給餌した場合（実験1）とブリに同一配合で異なる製造方法で作製した無魚粉 EP 飼料を給餌した場合（実験2）の血漿化学成分と類結節症の自然発病による死亡率を示した．なお，この実験で

表9·1　30日間無魚粉飼料（NFM）を与えたブリの肥満度，ヘマトクリット値と血漿成分

パラメータ	実験1		実験2	
	飼料1	飼料2	飼料1	飼料2
肥満度	14.6±0.8	14.7±0.7	14.8±0.6	15.0±0.7
ヘマトクリット値（%）	42.3±4.4	39.8±2.4	44.4±4.4	37.6±4.3 *
総タンパク質（g/dl）	2.8±0.5	3.1±0.2	3.5±0.4	2.9±0.5
ブドウ糖（mg/dl）	146±20	181±40 *	158±34	139±20
尿素窒素（mg/dl）	10.5±1.9	13.1±2.0 **	17.5±2.7	19.1±1.6
総コレステロール（mg/dl）	170±39	181±16	218±21	136±12 **
トリグリセリド（mg/dl）	148±31	165±54	108±17	63±17 **

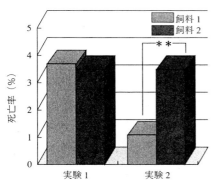

図9·2　無魚粉飼料給餌ブリの類結節症による死亡率
**飼料1と2との間に有意差（$p < 0.05$）があることを示す．

示している血漿化学成分の測定値は類結節症が発生する約2週間前のものである．実験1では，血漿中のグルコースと尿素窒素に有意差が見られたが死亡率には差が見られなかった．一方，実験2の飼料2は飼料1と比べて，胃の中においてペレットの保型性が悪い（滞留時間が短い）もので，ヘマトクリット値，総コレステロールおよびトリグリセリドが有意に低く，自然発病による死亡率は有意

に高かった．この実験は飼料の物性に起因する栄養素の吸収率低下による栄養状態の悪化が魚の抗病性に影響を与えた実例であると思われる．Maitaら[18]は，発病歴のない健康なブリおよびニジマスの血漿化学成分を測定し，感染実験による死亡率との関係を調べた結果，血漿総コレステロール値と死亡率が有意な逆相関を示すことを報告している．Nakagawaら[19]は，ブリにマイワシを連続給餌した場合に起こる栄養障害でヘマトクリット値，尿素窒素，総コレステロールが有意に低下し，ALP は有意に上昇することを見ている．Lemaireら[20]はドコサヘキサエン酸を含まない飼料で飼育したsea bass では，肝臓の類脂肪変成，血漿総コレステロール，トリグリセリド，Aspartate aminotransferas および ALP の有意な上昇がみられることを報告している．

2·3 免疫機能検査

魚類はヒトやほかの脊椎動物と同様に，多くの非特異的防御機構と特異的免疫機構の調和によって病原体から身を守っている．魚類における防御因子と主な機能については表 9·2 に示す．いくつかの免疫機能検査法が確立されており，魚類の栄養学的研究にも採用されている．しかし，すべての免疫機能の特徴が明らかにされているわけではなく，魚種や対象疾病に

表9·2　魚類における主要な防御因子と機能および栄養による調節の可能性

防御因子	主要な機能	栄養による調節の可能性
鰓，皮膚，腸における粘液（抗菌性因子を含む）	病原体の付着阻止	分泌促進・粘液の組成
正常な腸内細菌叢	病原体の付着阻止	細菌集団，種の変化
腸管免疫	病原体の付着阻止	
	特異免疫の成立	
表皮	物理的障壁	物理的，化学的強さ
外皮	浸透の阻止	物理的，化学的強さ
非特異的免疫機構		
－貪食細胞	貪食，殺菌，抗原提示	刺激，活性
－ナチュラルキラー細胞	殺菌	刺激，活性
－ライソザイム	殺菌	活性物質の分泌，濃度
－補体	溶菌，オプソニン，走化性	活性化，濃度
－トランスフェリン	鉄結合・輸送	濃度
特異的免疫機構		
－T リンパ球	細胞性免疫	刺激，幼弱化，活性
－特異抗原（B リンパ球）	特異的溶菌，オプソニン	刺激，濃度，親和性

表9・3 免疫機能検査の感度，精度および簡便性

免疫機能検査	感度	精度	簡便性
非特異的機能			
白血球数	◎	◎	◎◎◎◎
白血球遊走試験	◎◎◎	◎◎	◎
食細胞機能検査			
貪食能			
貪食試験（貪食率，貪食指数）	◎◎◎	◎	◎◎◎
殺菌能			
平板培養法	◎◎◎	◎	◎◎◎
酸素代謝能			
活性酸素産生能（NBT還元能）	◎◎◎	◎◎◎	◎
化学発光（酸素消費量）	◎◎	◎◎◎	◎◎
ナチュラルキラー（NK）活性	◎◎	◎	
血清補体価（ACH$_{50}$）	◎◎◎◎	◎◎◎	◎◎◎
特異的機能			
Passive hemolysis（プラーク法）	◎◎◎	◎◎◎◎	◎◎
Bacterial agglutination	◎◎◎	◎◎◎	◎◎◎◎
Passive hemagglutination	◎◎◎◎	◎◎◎	◎◎◎
抗原の検出（エライザ法）	◎◎◎◎	◎◎◎◎	◎◎

◎の数が多いほど，感度，精度および簡便性に優れていることを示す．

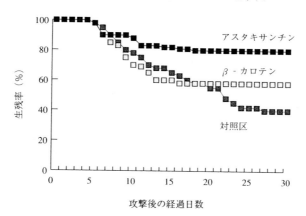

図9・3　各種カロテノイドを投与したニジマス稚魚の伝染性造血器壊死症ウィルス（IHNV）感染実験後の生残率の推移
　　　攻撃に用いたウィルス力価は1×10^3 TCID$_{50}$

よって，個々の防御因子の重要性は異なっていることに注意する必要がある．魚類における免疫機能検査法は Stolen ら[21]によって網羅されている．各免疫機能検査法の感度，精度および簡便性を表 9·3 に示す．一般に液性因子の測定は，細胞性因子の測定に比べて簡便性という点で優れている．筆者らは，ニジマスにおけるカロテノイドの添加効果を調べたところ，アスタキサンチンや β - カロテンを添加すると，貪食細胞の貪食率や貪食係数，血清補体価が有意に上昇した[22]．このとき，IHNV による感染実験を行ったところ，アスタキサンチンを添加した飼料を給餌した区の生残率がほかの試験区に比べて有意に高かった（図 9·3）．貪食細胞の貪食率や貪食係数，血清補体価は，直接ウィルスに対する感染防御に関与する因子ではないが，間接的に栄養による養殖魚の健全性を示す指標となりうる場合もあると考えられる．EFA 欠乏飼料で飼育したニジマスは脆弱であるが，その血清免疫グロブリン含量およびライソザイム活性は正常魚に比べて高いレベルにあることがわかっている（Kiron ら，未発表）．また，ビタミン E 欠乏のニジマスでは，酸素ストレス下で免疫グロブリンが上昇する[23]．これらの結果は，免疫機能検査が魚類の栄養素の欠乏状態を示す指標になり得ることを示している．

　魚油を給与したコイでは，抗体産生細胞数の増加と血清抗体価の上昇が見られることが報告された[24]．これに対し，Lodemel ら[25]は *Aeromonas salmonicida* の同居感染により抗病性を比較したところ，大豆油を給餌したアルプスイワナ（Arctic charr）は，アマニ油や魚油を給餌した魚に比べて抗病性が強いことを明らかにした．興味深いことに，ニジマス稚魚で IHNV を用いた筆者らの研究でも，飼料中の炭素数 20 以上の高度不飽和脂肪酸を除く n‑3 脂肪酸と n‑6 脂肪酸のバランス，特に，n‑3 脂肪酸がより強い抗病性をもたらし，Lodemel らと同様の結果を得ている．このように，養殖魚の健全性に対する飼料油脂の効果は，魚種によって異なっており，詳細な検討が必要である．最近，ハタ類の稚魚では DHA が EPA よりも，白血球の貪食能や T 細胞の幼弱化を活性化する効果は高いことが報告されている[26]．このほか，Li and Gatlin[27]は Striped bass の雑種に対するビール酵母の添加効果を見ており，2 ％以上の飼料添加で活性酸素産生能が有意に上昇

し，レンサ球菌症による感染実験での生残率が上昇することを報告している．養殖魚の健全性に及ぼす栄養素の効果は免疫機能検査によって評価することが可能であるが，検査項目は多岐にわたり，統一した指標によって評価が行われていないのが現状である．

§3. 効果的な給餌方法による養殖魚の健全性維持

養殖魚の健全性と栄養を考えるときに，給餌方法は養殖魚の健全性に影響を及ぼす要因として見過ごすことはできない．制限給餌が抗病性に及ぼす影響を初めて報告したのは，Kim and Lovell [28] のアメリカナマズによる実験である．彼らは，1年魚では毎日給餌する方が隔日給餌や無給餌の場合に比べて血中の抗体価が有意に高く，Edwardsiella ictaluri による実験感染死亡率が有意に低くなること，2年魚では，毎日給餌と隔日給餌では差がないが，無給餌によって抗体価が著しく上昇し，実験感染での生残率が向上することを報告している．また，別の報告では，ナマズの液性および細胞性免疫は無給餌によって影響を受けないが，抗病性は改善されることが明らかにされている [29]．一方，ヒラメやマダイの稚仔魚では過剰な給餌が斃死を引き起こすことが報告されている [30, 31]．

このような過剰給餌の影響として，消化管や膵組織に致死的な病理組織学的変化が起こっていることが示されている．また，最近の研究では，ティラピアにおける自発摂餌の有効性が明らかにされている．自発摂餌で飼育したティラピアの血中コルチゾールは，定刻に給餌した魚に比べて有意に低く，ストレスの少ない給餌方法であることが示され，同時に，凝集素価やリンパ球数の有意な上昇が見られるなど免疫系にも好影響を及ぼすことが示唆されている [32]．

栄養素や給餌管理の改善による養殖魚の健全性維持は，感染症の発生率が低下することや感染症が発生したときの死亡率が低くなることによって初めて飼育管理者に認識されるであろう．そこには，病原体への感染そのものを防御する能力を高くすること，感染した後の抵抗力（恒常性を維持する能力）を強くすることが関係していると考えられる．このような養殖

魚の健全性に及ぼす栄養学的なメカニズムの解明がなされ，養殖魚の健全性をモニタリングする方法が確立されることで，予防的魚病対策ができるようになると思われる．その場合，免疫機能検査および血液学的検査の特徴をつかみ，適切な指標を組み合わせることが，栄養学的なアンバランスや健康状態の把握により有効となるであろう．

　養殖魚の健全性評価技法については，有効な指標をいくつかあげたが，評価を行うにあたり必要とされる正常値の設定が困難であり，個体差や相互作用などもあって診断は容易ではない．臨床応用に向けたさらなる研究とデータの蓄積が必要である．

文　献

1) S.F. Snieszko: The effects of environmental stress on outbreaks of infectious disease of fish. *J. Fish Biol.*, 6, 197-208 （1974）.

2) P.G. Reddy and R.A. Frey: Nutritional modulation of immunity in domestic food animals. *Adv. Vet. Sci. Comp. Med.*, 35, 255-281 （1992）.

3) S.P. Lall and G.Oliver: Role of micronutrients in immune response and disease resistance in fish. In "Fish Nutrition in Practice", INRA, Cedex, France, pp 101-118 （1993）.

4) R.Waagbo : The impact of nutritional factors on the immune system in Atlantic salmon, *Salmo salar* L.: a review. *Aquacult. and Fish. Management*, 25, 175-179 （1994）.

5) E.M. Malikova, S.O. Apine, and R.E. Shaldaeva: Use of vitamins as prophylactic and therapeutic measures in immature *Salmo salar* in fish hatcheries. *Tr. Nauchn. Inst. Rybn. Kohz. Latviisk. SSR*, 3, 445-452 （1961）.

6) M.L. Landolt : The relationship between diet and immune response of fish. *Aquaculture*, 79, 193-206 （1989）.

7) V.S. Blazer : Nutrition and disease resistance in fish. *Ann. Rev. Fish Dis.*, 2, 309-323

（1992）.

8) W.M. Sealey, and D.M. Gatlin III : Overview of nutritional strategies affecting health of marine fish. *J. Appl. Aquacult.*, 9, 11-26 （1999）.

9) S.P. Lall : Disease control through nutrition. In Proc. Aquacult. Int'l.Cong. & Expo, BC Pavillion Corp., Canada, pp 607-612 （1988）.

10) S.P. Lall : The Minerals. In "Fish Nutrition", 2nd edn., Academic Press, NewYork, USA, pp 219-257 （1989）.

11) J.W. Hilton: The interaction of vitamins and minerals and diet composition in the diet of fish. *Aquaculture*, 79, 223-244 （1989）.

12) A. Benedich: Antioxidant vitamins and immune response. In "Nutrition and Immunology", Alan R. Liss Inc., NewYork, USA, pp 125-147 （1988）.

13) K. Sandnes, O. Lie, and R. Waagbo : Normal ranges of some blood chemistry parameters in adult farmed Atlantic salmon *Salmo salar. J. Fish Biol.*, 32, 129-136 （1988）.

14) G.A. Wedemeyer, and D.J. McLeay : Methods for determining the tolerance of fishes to environmental stress. In "Stress and Fish", Academic Press, New York pp. 247-

275 (1981).

15) J.F. Novotny, and J.W. Beeman : Use of a fish health condition profile in assessing the health and condition of juvenile Chinook salmon. *Prog. Fish Cult.*, **52**, 162-170 (1990).

16) R.W. Goede : Fish health / condition assessment procedures. Utah Division of Wildlife Resources, Logan, Utah (1988).

17) 舞田正志：血液検査および生理学的の検査法．魚病学概論，恒星社厚生閣，pp. 156-158 (1996).

18) M. Maita, K. Satoh, Y. Fukuda, H.K. Lee, J.R. Winton, and N. Okamoto : Correlation between plasma component levels of cultured fish and resistance to bacterial infection. *Fish Pathol.*, **33**, 129-133 (1998).

19) H. Nakagawa, H. Kumai, M. Nakamura, K. Namba, and S. Kasahara : Diagnostic studies on disease of sardine-fed yellow tail. *Bull. Jpn. Soc. Sci. Fish.*, **50**, 775-782 (1984).

20) P. Lemaire, P. Drai, A. Mathieu, S. Lemaire, S. Carrière, J.Giudicelli and M. Lafaurie: Changes with different diets in plasma enzymes (GOT,GPT, LDH,ALP) and plasma lipids (cholesterol, triglyceride) of seabass (*Dicentrarchus labrax*). *Aquaculture*, **93**, 63-75 (1991).

21) J.S. Stolen, T.C. Fletcher, D.P. Anderson, B.S. Roberson, and W.B. van Muiswinkel : Techniques in Fish Immunology, SOS Publications, USA, 1990, pp.197.

22) E.C. Amar, V. Kiron, S. Satoh, and T. Watanabe : Influence of various dietary synthetic carotenoids on bio-defense mechanisms in rainbow trout *Oncorhynchus mykiss* (Walbaum). *Aquacult. Res.*, **32** S1, 162-173 (2001).

23) J. Puangkaew, V. Kiron, T. Somamoto, N. Okamoto, S. Satoh, T. Takeuchi, and T. Watanabe : Nonspecific immune responses of rainbow trout (*Oncorhynchus mykiss* Walbaum) in relation to different status of vitamin E and highly unsaturated fatty acids. *Fish and Shellfish Immunol* (in press).

24) A. Pilarczyk: Changes in specific carp immune reaction caused by addition of fish oil to pellets. *Aquaculture*, **129**, 425-429 (1995).

25) J.B. Lodemel, T.M. Mayhew, R. Myklebust, R.E. Olsen, S. Espelid, and E. Ringo: Effects of three dietary oils on disease susceptibility in Arctic charr (*Salvelinus alpinus* L.) during cohabitation challenge with *Aeromonas salmonicida* spp. *salmonicida*. *Aquacult. Res.*, **32**, 935-945 (2001).

26) F.C. Wu, Y.Y. Ting, and H.Y. Chen : Dietary docosahexaenoic acid is more optimal than eicosapentaenoic acid affecting the level of cellular defense responses of the juvenile grouper *Epinephelus malabaricus*. *Fish and Shellfish Immunol.*, **14**, 223-238 (2003).

27) P. Li and D.M. Gatlin Ⅲ : Evaluation of brewers yeast (*Saccharomyces cerevisiae*) as a feed supplement for hybrid striped bass (*Morone chrysops* × *M. saxatilis*). *Aquaculture*, **219**, 681-692 (2003).

28) M.K. Kim, and R.T. Lovell : Effect of overwinter feeding regimen on body weight, body composition and resistance to *Edwardsiella ictaluri* in channel catfish *Ictalurus punctatus*. *Aquaculture*, **134**, 237-246 (1995).

29) V.O. Okwoche, and R.T. Lovell : Effects of winter feeding regimen on body weight, body composition and resistance to *Edwardsiella ictaluri* challenge in channel catfish *Ictalurus punctatus*. In Proc. 7th Int'l. Symp. on Nutr. and Feeding. in Fish., Texas (1996).

30) S.M.A. Mobin, K. Kanai, and K. Yoshikoshi : Histopathological alterations in the digestive system of larval and juvenile Japanese flounder *Paralichthys olivaceus*. *J. Aquat. Anim. Health*, **12**, 196-208 (2000).

31) S.M.A. Mobin, K. Kanai, and K. Yoshikoshi : Effects of feeding levels on the pathological alterations in the digestive system and mortality of larva and juveniles of *Pagrus major*. *J. Aquat. Anim. Health*, **13**, 202-213 (2001).

32) M. Endo, C. Kumahara, T. Yoshida, and M. Tabata : Reduced stress and increased immune responses in Nile tilapia kept under self feeding conditions. *Fish. Sci.*, **68**, 253-257 (2002).

10. 実用性と経済性

坂 本 文 男*

§1. 食の安全性をめぐる最近の動向

病原性大腸菌 O157 やサルモネラ菌による食中毒事故の発生を契機に，食品の安全性の確保が求められ始めてから，最近の牛海綿状脳症（BSE）問題や食品の偽装表示事件を経て，食品の安全性に関わる消費者の要求はかつてないほどの高まりを見せている．食品の安全性が強く要求される背景には，農畜水産物流通の国際化の進展により，消費者からはその生産過程や流通過程が見えにくくなってきていること，高度経済成長過程を経て，食品が，栄養を満たす目標から，健康維持を目標として，質的な変化を遂げようとしていること，食品が子供や老人を含むすべてのひとの生命の維持と生育に不可欠な基本的な材料であること，氾濫する情報の中で，信頼できる情報源の確保と不安に対する回答への潜在的な要求が根底にあるものと思われる．

戦後から現在に至るまで，食品の安全性に関わる事例は様々に変遷してきたが，過去 10 年間では，BSE，環境ホルモン，遺伝子組み換え食品，O157 等，生産段階に関係の深い事例が多数見受けられるように，食品のリスク管理の場として，生産段階の安全性管理が以前にも増して重要視されてきている．今後，生産現場においても，生産効率の向上と平行して，食品安全に専門的な知識を有する技術者の投入を図り，リスク削減努力を念頭に置いた生産活動を行う必要性が出てきている．

1・1 主要事例の変遷

2001 年 9 月の日本国内における BSE の発生は，社会に大きな衝撃を与え，食品の安全性確保体制の見直しのきっかけとなった．しかし表 10・1 に示したように，1990 年代後半から社会事件となるような大きな食品事故が頻発し，食品事故の発生が構造化した問題になっている．日本における食品事

---
* 鹿児島産業貿易株式会社

故の事例を振り返ってみると，戦後間もない昭和 20 年代は，食糧難を反映した黄変米騒動や，食中毒事故による死亡事故が多発，日本経済がほぼ戦前の水準に戻った昭和 30 年代には，森永ヒ素ミルク事件が発生した他，水俣病やイタイイタイ病等の公害問題が顕在化してきた．大量生産，大量消費時代が到来した昭和 40 年代にはカネミ油症事件など引き続き公害問題が大きな社会問題となった．昭和 50 年代に入ると，輸入食品の増加に伴い残留農薬や食品添加物問題が論議され，また同時にこれら化合物の毒性に関心が集まった．昭和 60 年から，平成元年以降は飽食，グルメ時代とも呼ばれているが，この間には O157 による食中毒事件，ダイオキシンや環境ホルモン問題が大きな社会問題になった．最近では，雪印乳業の黄色ブドウ球菌による食中毒，遺伝子組み換え食品，国内初の BSE 発生，中国野菜の残留農薬，無認可食品添加物や無登録農薬の問題が相次いだ [1]．現在までに，食品添加物や農薬に関しては断続的ながらも，年代を超えて話題となる事例が見受けられ，安全性の再評価の結果，AF2 やタール系色素等の食品添

表 10・1　食品事故の概要

1996 年	岡山県および大阪府において O157 が発生，患者数 1 万人．原因食材として「かいわれ大根」が疑われる．
1998 年	北海道産「醤油漬けイクラ」による O157 食中毒が東京・千葉・神奈川等で発生．
1999 年	所沢産茶葉に含まれていたダイオキシンに関する一部報道により，埼玉県産野菜等の販売に影響．
1999 年	青森県産「イカ加工品」によるサルモネラ菌食中毒が発生，46 都道府県で約 1,500 人の患者が発生．
1998〜1999 年	全国的に魚介類の腸炎ビブリオ菌による食中毒多発．
2000 年	雪印乳業における黄色ブドウ球菌毒素による食中毒事故が近畿地方で発生し 15,000 人弱の患者が発生．
2000 年	食品の異物混入等が多数報道され，大規模な自主回収措置を実施．
2000 年	一部消費者団体が，安全性未審査の遺伝子組み換えトウモロコシ「スターリンク」を食品から検出した旨を発表．
2001 年	一部スナック菓子に安全性未審査の遺伝子組み換えジャガイモ「ニュー・リーフ・プラス」が混入し，大規模な回収を実施．
2001 年	国内で初めて牛海綿状脳症（BSE）の牛が発見され，食肉消費に大きな影響．
2002 年	雪印食品の牛肉偽装事件発覚．
2002 年	全農チキンフーズ，丸紅畜産の食肉偽装問題．
2002 年	協和香料化学の無認可香料使用で大規模な製品回収．
2002 年	日本食品の牛肉偽装問題．
2002 年	日本ハムの牛肉偽装が発覚．

加物が使用禁止になったり，DDT，BHC 等残留性の高い農薬が使用禁止になっている．細菌性の食中毒に関しては腸炎ビブリオやブドウ球菌を原因とする食中毒事故は減少傾向にあるものの，O157，サルモネラ，リステリア等の新たな病原菌による中毒事故が見られるようになった．これらの事例は，現在の日本のフードシステムが大量生産・大量流通の経済システムおよび交通網の発達に伴い，被害の規模が極めて大きくなり，伝播の範囲が地球規模に広がり，速度も速くなったことを示している．また，これらに加えて，近年の事件は，食品企業のモラルの低下，監督官庁の不作為や危機管理の欠如が被害をより大きなものにしてきたと思われる．

1・2 欧米各国の動向

欧州においては BSE，ダイオキシン，リステリア等食品の安全性をめぐるさまざまな問題が頻発しているなかで，農業団体，食品産業，流通業者等が自主的にそれぞれの観点から食品の安全性確保についての取り組みを始めているが，欧州連合レベルでも規制の見直し等が進められている．欧州委員会は 2000 年 1 月 12 日に食品安全に関する「白書」を発行し，食品に関する法律の一般原則や必要事項，早期警戒システムの確立，欧州食品安全機関の創設を提起した．2000 年 11 月 8 日には，「食品の一般法を定め，欧州食品安全機関を創設し，食品安全性問題における手続きを定める規則案」を欧州議会および閣僚理事会に提案，2002 年 1 月28日に，食品一般法原則，欧州食品安全機関の創設，および食品安全手続きを定める欧州議会・理事会規則 178／2002 が制定された．欧州の場合，食品安全の概念がカバーする範囲は広く，障害のない自由流通の達成も目的の一つであり，国際制度への留意や，リスク分析システムの利用，予防原則の適用等も条文中に明示されている．今後，新しい食品一般原則に従い，これまでの食品法がつぎつぎと改正されることになっている[2]．

一方，アメリカにおける食品安全管理システムは，病原菌低減化プログラムや HACCP 等の工程管理方式に見られるように，基本的に製造段階における病原菌のコントロールに重点が置かれており，農場から食卓までのフードチェーン全体の安全性確保システムの重要性が強調されてはいるものの，その前提条件となる，トレーサビリティや生産流通情報の収集と共有

において透明性が確保されているとはいえない．経済的効率性を重要視する国だけに，安全性確保の対価として消費者支払い意思額が常に論議の的としてつきまとい，トレーサビリティの構築にしても，消費者の支払い意思額がこれらのシステム構築費用を上回らない限り実現できないとさえいわれている．

　日本では今，EU 型の食品安全管理システムの構築が進められているが，安全性を確保するためのコストを誰が負担するのか，リスク許容範囲をどう設定するのか等，踏み込んだ議論と国民的コンセンサスが必要な時期にきている．

1・3　危機管理体制の構築

　日本は「海」という防波堤で隔離された国であることから，これまで伝染性の病害の流行といった「明日にも起こるかもしれない危機にどう対処すべきか」ということを考えるような文化的背景がなかったことが今日のBSE 問題を起こさせた．食の世界で考えれば，食料自給率の低い日本は，世界中から大量の輸入食品に頼らざるを得ず，今後危機管理の重要性はますます増してくる．そのような現状から，BSE 問題に関する調査検討委員会の報告書では食品の安全性確保のためのあらゆる問題点が指摘されており，行政を含めて業界全体の目指すべき方向性が示されている．

　「報告」は 3 部構成で作成されており，まず1部では，「BSE に関するこれまでの行政対応の検証」として，イギリスで BSE が確認された 1986 年から，日本で第 1 号が確認される 2001 年までの農林水産省と厚生労働省のとった行政対応を，時期別，課題別に事実に基づいて検証している．そこでは，諸外国の情報を入手しておきながら，また BSE 発生の可能性の高い国だという EU の評価を受けていながら，農林水産省は BSE の発生に対して，全く無防備であり，危機管理体制が構築されていなかった点を指摘し，さらに，発表時の不手際が国民の食品安全行政に対する不信感を一層募らせ，社会混乱を増幅させたと報告している．第 2 部では，行政対応の問題点と解決すべき点を以下の 7 つについて総括をおこなっている．(1) 危機意識欠如と危機管理体制の欠落 (2) 生産者優先・消費者保護軽視の行政 (3) 政策決定過程の不透明な行政機構 (4) 農林水産省と厚生労働省の連携不足

（5）専門家意見を適切に反映しない行政（6）情報公開の不徹底と消費者の理解不足（7）法律と制度の問題点および改革の必要性である．その中で，委員会は 1996 年の対応を重大な失政といわざるを得ないと断定し，1 頭目の発生時の不手際を中心に，予防原則の意識がほとんどなく，風評被害を過剰に警戒してBSE 対策の遅れを招き，食品安全行政に大きな混乱を招いたことは，行政の不作為を問われかねないと厳しく糾弾している．第 3 部では，BSE に限らず，これを契機に国が取り組むべき食品安全行政について提言している．そこではまず基本原則として，「消費者の健康保護の最優先」「リスク分析手法の導入」を掲げ，6 ヶ月を目処に成案を得て，以下の2 つの措置を講ずべきと提言している．（1）消費者保護を基本とした包括的な食品安全を確保する法制定と関係法の見直し（2）独立性を持つリスク評価機関と各省庁との調整機能を持つ新しい食品安全行政機関の設置[3]である．

　CODEX（国際食品規格）委員会は今日的な食品の安全性確保のためのシステムとして「リスクアナリシス（リスク分析）」の手法の採用が各国で必要であることを提言している．今後の食品安全政策の導入のためにはリスクをより客観的な指標で推計して経済的に評価する作業は欠かせない．

§2. 養殖魚と微量栄養素

2・1　実用性

1）品　　質

　養殖業者間における，養殖魚の品質管理に対する取り組みは，消費者サイドからの意向を反映する形で様々な取り組みが行われている．過剰生産によるコスト競争だけでは，経営を維持することが難しいことから，製品の差別化を目指した産地のブランド化が始まったのは 1980 年代に入ってからである．産地ブランド化の成立基盤は，産地の地域性による品質差，業者間における品質改善への取り組み，消費地の需要特性によるものである．産地加工の進展もブランド化進展の一要素となったと考えられる．市場を通しての販売から大型スーパー等への直接販売が増加するに従い，よりブランドが求められる傾向にある．

ブランド化を産地レベルで進めるためには，漁協あるいは漁場単位で養殖方法を統一し，サイズ，肉質の規格化を進める必要がある．また周年安定した供給体制を構築するために，余剰生産物を加工にまわすのではなく，加工用の魚を育てる必要があることから，一般加工業と同等の品質管理システムが必要となってきている．近年は魚価の変動を体験する過程で，より消費者の望む商品を提供しようとする生産者の考えと，流通機構の変革に伴う差別化政策の要因としてのブランド化への取り組みから，環境に配慮した，安心・安全な養殖魚づくりが始まっている．

2) 安全性

現在，消費者の間に，養殖魚の安全性に対する不安が広まっているのも事実である．こうした中で，養殖水産物の安全性および品質についての消費者の信頼性を確保する必要性から，それぞれの生産者ごとに無投薬養殖の試みや環境保全型養殖に関する研究が始まっている．国際的には，CODEX 委員会より「養殖水産物の為の国際製造規範勧告案」が出されてはいるが，生産段階における安全性管理のための基礎となる明確な衛生取り扱い規範が存在しない現在，「食品衛生の一般原則（General Principal of Food Hygiene）」の 8 要件に照らして，生産段階における衛生管理を行うことは決して異質なものではないと思われる．食品衛生の一般原則における 8 要件とは原材料，施設の設計および設備の要件，食品の取り扱い，施設の保守および衛生管理，人の衛生，食品の運搬，製品に関する情報および消費者の意識，食品従事者の教育・訓練を指すが，家畜の衛生管理ガイドラインにおいてはこれに準拠する形で原材料（素畜，飼料，使用水等），施設の設計および設備の要件，家畜の取り扱い，施設の保守および衛生管理，従事者の衛生，家畜の運搬，出荷家畜に関する情報および出荷先の意識，飼育従事者の教育・訓練と生産段階における管理項目を規定している．農林水産省においてもその有用性から国際的な流れを受けて「家畜畜産物生産衛生指導体制整備事業」において，畜産物の食品としての安全性を確保する目的で，専門委員会を設置し，採卵鶏，ブロイラー，豚，肉用牛，乳用牛の 5 畜種について，家畜の生産段階における安全性管理のベースとなる「家畜の衛生管理ガイドライン」を策定した．畜産物の安全性を確保す

るためには，原材料（飼料・素畜等）から家畜の飼養段階をへて消費者が手にするまでの生産・製造工程を漏れなく分析し，漏れのない対策を実行することによって，初めて安全な食品を提供することが可能となる．生産段階に HACCP の手法を持ち込むことには様々な異論があるものの，HACCP とともに採択された「食品衛生の一般原則」に準拠する形で生産段階の安全性を管理する手法は国際的に認められている．

　古来，経験的に，健康な家畜，家禽などの生産物は，安全，良質な食品として摂取されてきた．つまり，家畜が健康であれば飼料が畜産食品を介して人の健康に悪い影響を及ぼすかもしれないと心配することはないと考えられていた．しかし，飼料添加物や動物用医薬品の多用に伴って，これらが畜産食品に残留，移行して，これを食べる人の健康に影響を及ぼす心配が現実のものとなってきた．また，水俣病が，海水中の微量の有機水銀が生物濃縮の過程をへて，濃厚となった有機水銀を含有する魚介類を多食したため発病したことから，飼料中の微量の成分が家畜の体内で生物濃縮され，畜産食品に移るのではないかと心配されるようになった．家畜の飼料といえども，生産物を食用にする以上，食品の場合と同等の安全性の評価と対応策が必要になってきている．

3）実用性

　表 10·2 は，近年のブリ類とマダイ類養殖業の養殖施設，投餌量，生産量，漁場生産性，飼料効率の推移を見たものである．ブリ類を見てみると，養殖施設面積は，ほぼ一貫して減少を続けている．投餌量は平成7年の過剰生産―価格暴落の年を除いて減少傾向にあり，生産量も 15〜16 万トンから 13〜14 万トンへと減少傾向にある．飼料効率を見ると，7〜8 の間で大きな変化はないが近年は 7 近くと，養殖方法に大きな変化（配合飼料への転換等）は見られないものの，なんらかの改善の跡が見受けられる．

　マダイ類を見てみると養殖施設面積は，ブリ類からの転換もあり平成4年ごろまで増加したが，その後は減少している．投餌量は生産量が 5，6 万トン台から 8 万トン台に大幅に増加したにもかかわらず，50 万トン台から 40 万トン台に減少している．飼料効率が 9 台から 5 台に大幅に低下したように，配合飼料の普及と適正給餌が飼料効率の改善につながったものと思わ

表10·2　ブリ類とマダイ類養殖業の経営体と生産高の推移

魚種	年次(平成)	経営体数 A	施設面積 千m² B	生産量 千トン C	生産額 億円 D	平均単価 円/kg D/C	経営体あたり			トン/千m² C/B	投餌量 千トン E	飼料効率 E/C
							m² B/A	トン C/A	万円 D/A			
ブリ類	2年	2,585	3,108	161	1,280	795.0	1,202.3	62.28	4,951.6	51.80	1,372	8.5
	3年	2,425	2,969	161	1,405	872.7	1,224.3	66.39	5,793.8	54.23	1,310	8.1
	4年	2,228	2,834	149	1,309	878.5	1,272.0	66.88	5,875.2	52.58	1,227	8.2
	5年	2,153	2,820	142	1,372	966.2	1,309.8	65.95	6,372.5	50.36	1,254	8.8
	6年	2,082	2,854	149	1,264	848.3	1,370.8	71.57	6,071.1	52.21	1,160	7.8
	7年	1,974	2,680	170	1,187	698.2	1,357.6	86.12	6,013.2	63.43	1,749	10.3
	8年	1,815	2,319	146	1,354	927.4	1,277.7	80.44	7,460.1	62.96	1,105	7.6
	9年	1,724	2,223	138	1,439	1,042.8	1,289.4	80.05	8,346.9	62.08	1,197	8.7
	10年	1,644	2,078	147	1,416	963.3	1,264.0	89.42	8,613.1	70.74	1,258	8.6
	11年	1,575	2,010	141	1,458	1,034.0	1,276.2	89.52	9,257.1	70.15	1,061	7.5
	12年	1,594	2,018	137	1,431	1,044.5	1,266.0	85.95	8,977.4	67.89	984	7.2
マダイ	2年	2,871	1,913	52	691	1,328.8	666.3	0.02	2,406.8	27.18	513	9.9
	3年	2,866	1,942	60	723	1,205.0	677.6	0.02	2,522.7	30.90	510	8.5
	4年	2,775	2,176	66	667	1,010.6	784.1	0.02	2,403.6	30.33	520	7.9
	5年	2,580	1,932	73	656	898.6	748.8	0.03	2,542.6	37.79	500	6.8
	6年	2,450	1,930	77	783	1,016.9	787.8	0.03	3,195.9	39.90	474	6.2
	7年	2,284	1,762	72	755	1,048.6	771.5	0.03	3,305.6	40.86	406	5.6
	8年	2,183	1,828	77	766	994.8	837.4	0.04	3,508.9	42.12	462	6.0
	9年	2,137	1,845	81	741	914.8	863.4	0.04	3,467.5	43.90	451	5.6
	10年	2,060	1,986	82	651	793.9	964.1	0.04	3,160.2	41.29	428	5.2
	11年	1,956	1,810	87	598	687.4	925.4	0.04	3,057.3	48.07	445	5.1
	12年	1,832	1,708	82	661	806.1	932.3	0.04	3,608.1	48.01	463	5.6

（漁業・養殖業統計年報）

れ，ブリ類にはみられなかった現象である．人工飼料に対する見解には様々なものがあるものの，飼料の品質の安定や，その簡便性による省力化，漁場環境の保全効果など経済性が高まりつつある．表 10·3 はブリ用，マダイ用の飼料生産量の推移を示したものである．ブリ用飼料は，粉末は早くから普及し，平成 7 年にピークを迎えた後，横ばいとなっている．一方固形飼料は 14 年ほど前から使用されるようになったが急速に普及し，最近では粉末飼料を大きく上回っている．マダイ用飼料のうち，粉末用飼料はブリ用よりも早く，平成 4 年ごろにピークを迎えた後減少傾向にあるのに対し，固形飼料の伸びは現在まで続いている．表 10·4 はブリ類養殖漁家とマダイ類養殖漁家の平成 12 年度の経営内容と漁業収支について見たものであ

表 10·3　養魚飼料生産量年表（会計年度）

	ブリ類			マダイ		
	粉　末	固　形	合　計	粉　末	固　形	合　計
昭和 61 年	30,000	605	30,605	28,061	26,230	54,291
昭和 62 年	34,134	409	34,543	34,433	25,498	59,931
昭和 63 年	34,514	520	35,034	41,176	21,751	62,927
平成 1 年	34,022	2,257	36,279	53,725	23,325	77,050
平成 2 年	42,668	5,235	47,903	67,371	30,064	97,435
平成 3 年	45,297	10,241	55,538	82,111	43,629	125,740
平成 4 年	42,451	12,562	55,013	87,765	44,694	132,459
平成 5 年	44,210	13,789	57,999	79,473	36,772	116,245
平成 6 年	71,741	28,684	100,425	80,404	46,082	126,486
平成 7 年	86,449	54,282	140,731	78,719	66,502	145,221
平成 8 年	59,273	48,977	108,250	67,371	77,450	144,821
平成 9 年	60,889	60,063	120,952	73,280	102,280	175,560
平成 10 年	61,527	65,207	126,734	73,658	105,193	178,851
平成 11 年	50,891	67,894	118,785	62,118	95,304	157,422
平成 12 年	56,211	97,260	153,471	55,199	84,400	139,599
平成 13 年	59,483	138,908	198,391	60,550	94,603	155,153
平成 14 年	48,772	123,366	172,138	47,834	90,474	138,308

（（社）日本養魚飼料協会資料）

る．漁業支出のうち，最大の費目は餌代で，養殖経営を左右する状況は変わっていない．ブリ類の場合，生餌の割合が相対的に高く，その価格変動が餌代に直接反映するが，タイ類養殖の場合は，人工飼料の割合が高く，価格も安定的（若干の為替変動等の要因はあるものの）なので，生産量や養殖収入との相関が高くなると思われるが，漁業収入に占める餌代の割合は高い．給餌養殖は，大量の餌が安く供給され，養殖魚の価格が高いことが前提であるが，今，その前提が崩れかけている．表 10·5 に示されている通り，近年餌料魚の漁獲が激減し，価格が高騰し，輸入魚粉・配合飼料に転換するようになった．

　生餌の代表であるマイワシの漁獲は急増して，1998 年には 450 万トンにも達した．このマイワシの漁獲増にあわせて，魚類養殖業が急増するのであるが，その後，マイワシの漁獲は急激に減少して，1996 年には 30 万トンにまで低下している．餌料魚の漁獲減少に伴い，魚類養殖経営は厳しさを強いられることとなり，輸入飼料・魚粉に依存してゆくこととなる．餌料基盤が国内から海外にシフトしたのである．

しかし，餌が安く，安定的に供給される保障はどこにもない．餌料魚は自然変動が大きく，マイワシのように 450 万トンもとれたかと思うと，限りなくゼロに近づくといったことが起こりうる．国内産の餌料魚の代表格であるイワシ，アジ，サバは 1997 年から TAC 対象魚となっていること，世界的な魚粉の輸出国であるチリやペルーでは 1997 年からエルニーニョ現象の影響により，漁獲の変動，価格の高騰が起きており，更に東南アジアや中国，ノルウェー，チリ等の養殖漁業の発達に伴い，国際的に魚粉の需要が増大している．将来における，世界人口の急激な増加を考慮すると，人間にとって良質なタンパク源である魚粉をいつまでも養魚用配合飼料の

表 10・4　平成 12 年度の海面養殖業漁家経済

	ブリ類		マダイ	
	1 戸当り千円	生産量当り円/kg	1 戸当り千円	生産量当り円/kg
養殖施設面積 / m²	1,308	-	1,182	-
生産量　トン / 戸	118	-	50	-
養殖生産収入	114,548	970.7	35,587	711.7
その他の収入	12,067	102.2	▲935	▲18.7
収入計	126,615	1,072.9	34,652	693.0
雇用労賃	4,673	39.6	1,264	25.2
漁船費	1,214	10.2	289	5.7
諸施設費	1,415	11.9	558	11.1
漁具費	420	3.5	85	1.7
油費	670	5.6	390	7.8
餌代	50,967	431.9	22,211	444.2
種苗代	24,152	204.6	3,566	71.3
諸材料費	1,322	11.2	420	8.4
賃借料及び料金	1,598	13.5	509	10.1
販売手数料	1,457	12.3	349	6.9
事務管理費	1,382	11.7	424	8.4
負債利子	1,271	10.7	705	14.1
物件税・公課等	1,533	12.9	185	3.7
その他	1,486	12.5	612	12.2
減価償却費	3,898	33.0	1,942	38.8
経費合計	97,458	825.1	33,509	669.6
差引所得	29,157	247.8	1,143	23.4

（農林水産省統計情報部漁家経済調査報告書）

経費に占める割合（％）

	ブリ類	マダイ
餌代	52.3	66.3
種苗代	24.8	10.6

表10·5　食料需給表（単位：1,000トン）

	飼肥料（魚介類）				海藻（乾燥重量）				
	国内生産量	輸入量	輸出量	国内消費仕向量	国内生産量	輸入量	輸出量	国内消費仕向量	（飼料用）
昭和61年	4,654	773	819	4,608	156	54	6	204	0
昭和62年	4,617	937	1,077	4,477	133	58	7	184	0
昭和63年	4,861	1,112	1,049	4,924	160	57	6	211	0
平成1年	4,159	816	1,089	3,886	159	68	6	221	0
平成2年	3,967	1,109	687	4,389	155	68	7	216	0
平成3年	3,411	1,382	500	4,293	142	67	5	204	0
平成4年	2,698	1,620	173	4,145	158	60	6	212	0
平成5年	2,596	1,479	147	3,928	139	62	3	198	0
平成6年	2,093	1,859	39	3,913	155	70	2	223	0
平成7年	1,513	2,883	20	4,376	144	70	2	212	0
平成8年	1,682	1,999	22	3,659	135	68	2	201	0
平成9年	1,718	2,117	5	3,830	137	75	3	209	0
平成10年	1,422	1,587	1	3,008	128	76	2	202	0
平成11年	1,337	1,670	6	3,001	135	90	2	223	0
平成12年	1,209	1,634	11	2,832	130	78	2	206	0

（農林水産省総合食料局平成12年度食料需給表）

主要なタンパク質源として，利用するには問題がある．海外での漁獲状況や魚粉の需要競合や為替相場の変動により，経営に与える影響はより深刻さを増してくると思われる．いずれにしても，今後は配合飼料への魚粉の使用量は減少し，代わりに種々の植物タンパク質の比重が高まるものと思われる．それに伴い，魚類の栄養要求に関する研究も今後飛躍的に高まるものと期待されている．養殖を行う際の増重率や生残率のみで飼料の良し悪しを評価した時代は過ぎ，今では魚の健康や生理状態，肉質をも考慮することが重要な要素となってきている．畜産の分野では，1960年代以降，飼養学が急速に進歩し，特定のアミノ酸や一部のミネラルの添加によって，生産性を著しく高めることに成功している．実際の養魚経営においては同一の飼育条件下においても成長に著しい個体差が見受けられること，魚種ごとにも大きな差異があることなど，現在の飼料効果に対する評価がまちまちであることから，今後，実用化に向けては，データの蓄積とその有効性の確認が求められることとなる．

2·2　経済性

藍藻のスピルリナや緑藻のクロレラ，アナアオサ等の藻類粉末やそのエ

キスを添加した飼料で，ブリ，マダイ等を飼育すると脂質代謝の変化により体脂質含量や脂質組成が変化し，食味の向上が認められるなどの報告がされている．

　飼料添加物として，現在利用されている藻類には多くの有効成分が確認されている [4]．本論のテーマである微量栄養素であるミネラル，カロテノイド，ビタミンなどの有効成分は海藻に多く含まれている．しかし表 10·5 に示されている通り，海藻の国内生産量は，徐々に減少しており，僅かながら輸入量が増加している．飼料用として，輸入されている海藻は統計上ゼロである．現在日本で，使用されている養魚用飼料添加物としての海藻粉末はノルウェーから輸入されるアスコフィラムを原料としたものが主体で，それ以外に南米から輸入されるコンブの一種，南アフリカ産のアラメの一種（エクロニア），チリ産のレソニア等の褐藻が用いられているといわれている．畜産用飼料としては，ノルウェーから輸入されたアスコフィラムと呼ばれる褐藻粉末やペースト状にしたものがブタ，ウシ，ウマ，ヒツジ，ニワトリ等の飼料添加物として販売され，発育促進，食欲亢進，肉質改善等に有効性が認められるといわれている．養魚用飼料に少量の海藻を添加してえられた研究報告でも，成長促進，飼料効率の向上，肉質の向上，抗病性の向上等の効果が報告されている．海外，とりわけノルウェーにおいては，定められた数量の飼料でより多くの魚を生産するため，配合飼料の改善が進み，増肉係数が飛躍的に増大したことが，大幅なコストダウンにつながり，国際競争力が高まった要因である．日本においては，販売価格の上昇を望む声は強いが，自分の生産コストを下げて，競争力を高めてゆく努力は見当たらない．このことが飼料メーカーの技術向上も含めて低コストの生産体系確立を難しくしている．

§3.　信頼されるシステムづくり

　現在の消費者は，絶対に安全な（ゼロリスク）食品はあり得ないという前提の下，限られた情報のもと，安全の質のレベルとコスト（費用）とのバランスの中で選択行動を行っている．しかし，消費者の，食品に対する過度の低価格志向や要求は本来かけるべき手間を省いたり，リスクの高い

原材料や生産手段を使用することになる．リスクを低減化するために必要な費用は最低限支出されなければならない．生産者と消費者の経済性に対する考え方はおのずから異なっているが，安全性の確保においてはお互いの理解が必要である．安全性の評価については，消費者の立場から考えれば，情報源の信頼度と安全性に関する情報が最も重要視されるのであるが，とりわけ，信頼性の根拠として，BSE 問題の反省から，専門的能力・利害からの独立・倫理観・第三者による検証等意思決定への信頼性の確保が求められている．生産の場から食卓までの全ての段階を通して，実態としてきちんとした，システムが行われていることが求められている．

文　献

1) 佐藤京子，高橋祐一郎，西尾　健：戦後から現在までのわが国の食品の安全に関する事例とその変遷及び特徴，日本リスク学会講演論文集，208-212（2002）

2) 中嶋康博：EU 新食品法と機構改革，農業と経済，129-138（2002）

3) 高橋正郎：BSE 調査検討委員会報告で指摘された食品安全をめぐる課題，日本リスク学会講演論文集，253-260（2002）

4) 中川平介：養殖魚の餌料成分としての海藻の有用性，アクアネット，5：20-25（2002）．

出版委員

青木一郎　落合芳博　金子豊二　兼廣春之
櫻本和美　左子芳彦　瀬川　進　関　伸夫
中添純一　門谷　茂

水産学シリーズ〔137〕　　　　　定価はカバーに表示

養殖魚の健全性に及ぼす微量栄養素
Micronutrients and health of cultured fish

平成 15 年 10 月 15 日発行

編　者　　中　川　平　介
　　　　　佐　藤　　実

監　修　社団法人 日本水産学会

〒108-8477　東京都港区港南　4-5-7
東京水産大学内

発行所　〒160-0008
東京都新宿区三栄町8
Tel 03 (3359) 7371
Fax 03 (3359) 7375　株式会社 恒星社厚生閣

© 日本水産学会, 2003.　興英文化社・風林社塚越製本

出版委員

青木一郎　落合芳博　金子豊二　兼廣春之
櫻本和美　左子芳彦　瀬川　進　関　伸夫
中添純一　門谷　茂

水産学シリーズ〔137〕
養殖魚の健全性に及ぼす微量栄養素
（オンデマンド版）

2016年10月20日発行

編　者	中川平介・佐藤　実
監　修	公益社団法人日本水産学会 〒108-8477　東京都港区港南4-5-7 　　　　　　東京海洋大学内
発行所	株式会社 恒星社厚生閣 〒160-0008　東京都新宿区三栄町8 TEL 03(3359)7371(代)　FAX 03(3359)7375
印刷・製本	株式会社 デジタルパブリッシングサービス URL http://www.d-pub.co.jp/

Ⓒ 2016, 日本水産学会　　　　　　　　　　　　　　　　AJ600

ISBN978-4-7699-1531-7　　　　　Printed in Japan

本書の無断複製複写（コピー）は，著作権法上での例外を除き，禁じられています